Wissenschaftliche Taschenbücher WTB

Biologie

Dieter Spaar
Helmut Kleinhempel
Hans Joachim Müller
Klaus Naumann

Bakteriosen der Kulturpflanzen

Akademie-Verlag · Berlin

WTB Wissenschaftliche Taschenbücher

Reihe BIOLOGIE

HANS BERGNER
Tierernährung

HELMUT FRIEMEL / JOSEF BROCK
Grundlagen der Immunologie

HELLMUTH GÄBLER
Forstschutz

HEINZ GEILER
Ökologie der Land- und Süßwassertiere

PAUL HOFFMANN
Photosynthese

EBERHARD HOFMANN
Eiweiße und Nucleinsäuren als biologische Makromoleküle
Dynamische Biochemie, Teil I

EBERHARD HOFMANN
Enzyme und energiebereitstellende Reaktionen des Stoffwechsels
Dynamische Biochemie, Teil II

EBERHARD HOFMANN
Der Stoffwechsel lebendiger Systeme und seine Regulation
Dynamische Biochemie, Teil III

EBERHARD HOFMANN
Grundlagen der Molekularbiologie und Regulation des Zellstoffwechsels
Dynamische Biochemie, Teil IV

FRIEDRICH JACOB
Bewegungsphysiologie der Pflanzen

GERHARD LERCH
Pflanzenökologie

JOACHIM NITSCHMANN
Entwicklung bei Mensch und Tier

HANS-WERNER NOLTE
Pflanzenschutz in der Landwirtschaft

KLAUS ODENING
Parasitismus

ALFRED PALISSA
Bodenzoologie in Wissenschaft, Naturhaushalt und Wirtschaft

MARTIN SCHMIDT
Pflanzenschutz im Gartenbau

ULRICH SEDLAG
Biologische Schädlingsbekämpfung

LUDWIG SPANNHOF
Zellen und Gewebe der Tiere

GÜNTER TEMBROCK
Grundlagen des Tierverhaltens

GÜNTER TEMBROCK
Biokommunikation
Informationsübertragung im biologischen Bereich
Teil I und II

EBERHARD TEUSCHER
Pharmakognosie
Teil I und II

REGINE WITKOWSKI
FALKO H. HERRMANN
Einführung in die klinische Genetik

GERALD WOLF
Neurobiologie

Reihe CHEMIE

HANS-MARTIN BARCHET
Chemie photographischer Prozesse

Ulrich Behrens
Manfred Ringpfeil
Mikrobielle Polysaccharide

Rolf Borsdorf
Manfred Scholz
Spektroskopische Methoden in der organischen Chemie

Hans Dawczynski
Temperaturbeständige Faserstoffe aus organischen Polymeren

Hans Dawczynski
Temperaturbeständige Faserstoffe aus anorganischen Polymeren

Werner Döpke
Stereochemie organischer Verbindungen

Martin Finke / Walter Leipnitz
Moderne Methoden der Erdölanalyse

Erich Gundermann
Chemie und Technologie des Braunkohlenteers

Werner Haberditzl
Magnetochemie

Siegfried Hauptmann
Über den Ablauf organisch-chemischer Reaktionen

Horst Kehlen / Frank Kuschel
Horst Sackmann
Grundlagen der chemischen Kinetik

Gerhard Kempter
Struktur und Synthese von Vitaminen

Peter Krumbiegel
Isotopieeffekte

Klaus Kühne
Werkstoff Glas

Dieter Merkel
Riechstoffe

Dieter Onken
Steroide

Joachim Riemer
Quantitative organische Mikroanalyse

Rolf Schöllner
Die Oxydation organischer Verbindungen mit Sauerstoff

Wolfgang Wagner
Chemische Thermodynamik

Günther Wagner
Hans Kühmstedt
Pharmazeutische Chemie

Reihe MATHEMATIK / PHYSIK

Hans Bandemer
Andreas Bellmann
Wolfhart Jung / Klaus Richter
Optimale Versuchsplanung

Frank Beichelt
Prophylaktische Erneuerung von Systemen

Dietrich Bender
Ernst-Egon Pippig
Einheiten, Maßsysteme, SI

Wolfram Brauer
Hans-Waldemar Streitwolf
Theoretische Grundlagen der Halbleiterphysik

Siegfried Brehmer
Einführung in die Maßtheorie

Ferdinand Cap
Einführung in die Plasmaphysik
I. Theoretische Grundlagen
II. Wellen und Instabilitäten
III. Magnetohydrodynamik

John Cunningham
Vektoren

Georg Dautcourt
Relativistische Astrophysik

K. Ch. Delokarov
Relativitätstheorie und Materialismus

Albert Einstein
Grundzüge der Relativitätstheorie

Albert Einstein
Über die spezielle und die allgemeine Relativitätstheorie

Hannelore Fischer
Joachim Piehler
Modellsysteme der Operationsforschung

Alfred Frieser
Mikrowellenmeßtechnik

Herbert Goering
Elementare Methoden zur Lösung von Differentialgleichungsproblemen

Michael Gössel
Angewandte Automatentheorie
Band I und II

Michael Gössel
Wahrscheinlichkeitsautomaten und Zufallsfolgen

E. G. Golstein
Konvexe Optimierung

Helmut Hess
Der elektrische Durchschlag in Gasen

Wilhelm Kämmerer
Kybernetik — eine Einführung auf naturwissenschaftlicher Grundlage

Ulrich Kausmann
Klaus Lommatzsch
František Nožička
Lineare parametrische Optimierung

Volker Kempe
Theorie stochastischer Systeme

Volker Kempe
Analyse stochastischer Systeme
Teil I

A. R. Kessel
Akustische Kernresonanz

Heinrich Kindler
Der Regelkreis

Dieter Klaua
Elementare Axiome der Mengenlehre
Einführung in die Allgemeine Mengenlehre I

Dieter Klaua
Grundbegriffe der axiomatischen Mengenlehre
Teil 1 und 2
Einführung in die Allgemeine Mengenlehre II

Dieter Klaua
Kardinal- und Ordinalzahlen
Teil 1 und 2
Einführung in die Allgemeine Mengenlehre III

Dieter König / Dietrich Stoyan
Methoden der Bedienungstheorie

Konrad Kreher
Festkörperphysik

Jean Kuntzmann
Unendliche Reihen

Jean Kuntzmann
Systeme von Differentialgleichungen

Jean Kuntzmann
Komplexe Veränderliche

Wolfgang Meiling
Kernphysikalische Elektronik

Peter Paufler / Dieter Leuschner
Kristallographische Grundbegriffe der Festkörperphysik

Harry Paul
Lasertheorie
Teil I und II

Harry Paul
Nichtlineare Optik
Teil I und II

WOLFGANG PAULI
Vierpoltheorie und ihre Anwendung auf elektronische Schaltungen

HARRY PFEIFER
Theorie linearer Bauelemente
Elektronik für den Physiker I

HARRY PFEIFER
Die Elektronenröhre
Elektronik für den Physiker II

HARRY PFEIFER
Schaltungen mit Elektronenröhren
Elektronik für den Physiker III

HARRY PFEIFER
Leitungen und Antennen
Elektronik für den Physiker IV

HARRY PFEIFER
Mikrowellenelektronik
Elektronik für den Physiker V

HARRY PFEIFER
Halbleiterelektronik
Elektronik für den Physiker VI

HARRY PFEIFER / W. HEINK
Schaltungen mit Transistoren
Elektronik für den Physiker VII

ULRICH RÖSEBERG
Determinismus und Physik

J. A. ROSANOW
Wahrscheinlichkeitstheorie

WOLFGANG SCHÄFER
Theoretische Grundlagen der Stabilität technischer Systeme

ERNST SCHMUTZER
Symmetrien und Erhaltungssätze der Physik

I. S. SHELUDEW
Elektrische Kristalle

N. D. SHEWANDROW
Die Polarisation des Lichtes

L. A. SKORNJAKOW
Elemente der Verbandstheorie

A. A. SMIRNOW
Metallphysik

A. S. SONIN / B. A. STRUKOW
Einführung in die Ferroelektrizität

HANS-JÜRGEN TREDER
Elementare Kosmologie

J. F. VINSON
Optische Kohärenz in der klassischen Theorie und in der Quantentheorie

TEXTE UND STUDIEN

D. M. BRINK
Kernkräfte

STEPHEN G. BRUSH
Kinetische Theorie
Teil I und II

Festkörperphysik
Entwicklungstendenzen und Anwendungsmöglichkeiten

D. TER HAAR
Quantentheorie

W. R. HINDMARSH
Atomspektren

J. H. SANDERS
Die Lichtgeschwindigkeit

GUSTAV E. R. SCHULZE
Beiträge zur Entwicklung der Metallphysik

R. A. R. TRICKER
Die Beiträge von Faraday und Maxwell zur Elektrodynamik

R. A. R. TRICKER
Frühe Elektrodynamik

Vorschau auf die nächsten Bände:

WERNER DÜCK
Diskrete Optimierung

W. L. GINSBURG
Über Physik und Astrophysik

HERBERT GOERING
Asymptotische Methoden zur Lösung von Differentialgleichungen

V. I. KARPMAN
Nichtlineare Wellen in dispersiven Medien

DIETER KRESS
Theoretische Grundlagen der Signal- und Informationsübertragung

DIERCK-EKKEHARD LIEBSCHER
Relativitätstheorie mit Zirkel und Lineal

HANS LUPPA
Grundlagen der Histochemie
Teil I und II

WTB

BAND 146

Dieter Spaar / Helmut Kleinhempel
Hans Joachim Müller / Klaus Naumann

Bakteriosen der Kulturpflanzen

Mit 67 Abbildungen und 6 Tabellen

AKADEMIE-VERLAG · BERLIN

Reihe BIOLOGIE

Herausgeber:
Prof. Dr. H. Bochow, Berlin
Prof. Dr. H. Böhme, Gatersleben
Prof. Dr. H. Borriss, Greifswald
Prof. Dr. E. Hofmann, Leipzig
Prof. Dr. J. O. Hüsing, Halle/Saale
Prof. Dr. U. Taubeneck, Jena

Verantwortlicher Herausgeber dieses Bandes:
Prof. Dr. H. Bochow

Verfasser:
Prof. Dr. Dieter Spaar
Berlin
Dr. Helmut Kleinhempel
Aschersleben
Prof. Dr. Hans-Joachim Müller
Kleinmachnow
Dr. Klaus Naumann
Aschersleben

1977
Erschienen im Akademie-Verlag, 108 Berlin, Leipziger Straße 3–4

Lizenznummer: 202 · 100/504/77
P 232/76
Gesamtherstellung: VEB Druckhaus „Maxim Gorki", 74 Altenburg
Bestellnummer: 761 921 4 (7146) · LSV 4274
Printed in GDR
DDR 12,50 M

Vorwort

Die Bedeutung von bakteriellen Erkrankungen landwirtschaftlich und gartenbaulich genutzter Kulturpflanzen hat in den letzten Jahren zugenommen. Ihre Bekämpfung ist ein wichtiger Faktor für stabile und hohe Erträge beim Übergang zu industriemäßigen Produktionsmethoden in der sozialistischen Landwirtschaft unserer Republik. Im vorliegenden Taschenbuch ist deshalb ein kurzer Überblick über Biologie, Diagnose und Bekämpfung phytopathogener Bakterien und über die unter unseren Bedingungen bedeutsamen Bakteriosen gegeben. Mykoplasmen, die in den letzten Jahren als Erreger von Pflanzenkrankheiten nachgewiesen wurden, sind in die Darstellung nicht einbezogen. Ihre Behandlung soll einer gesonderten Publikation vorbehalten sein.

Aschersleben, im Februar 1976 Die Verfasser

Inhalt

Allgemeiner Teil

Einleitung

Im Jahre 1866 hat der russische Botaniker M. S. Woronin (1836—1902) erstmals auf Grund seiner Untersuchungen an Knöllchenbakterien bei Leguminosen den Gedanken über einen möglichen parasitären Befall höherer Pflanzen durch Bakterien geäußert. Der amerikanische Phytopathologe T. J. Burrill (1839—1916) wies mit seinen 1877 bis 1883 durchgeführten Untersuchungen die Bakterienätiologie des Feuerbrandes bei Kernobstarten nach. Damit war die erste pflanzliche Bakteriose beschrieben und der Grundstein einer neuen Arbeitsrichtung in der Phytopathologie gelegt. Eine hervorragende Rolle bei der Entstehung dieses neuen Wissenschaftszweiges kommt dem amerikanischen Phytopathologen Erwin Smith (1854—1927) (Abb. 1) zu, der nicht nur eine große Zahl von Einzeluntersuchungen durchführte, sondern umfassend zur Ausarbeitung der Methodik bakteriologischer Untersuchungen in der Phytopathologie beitrug und sich um die Jahrhundertwende sehr beweiskräftig mit Auffassungen auseinandersetzte, die die Bakterienätiologie von Pflanzenkrankheiten anzweifelten.

Seit diesen Anfängen der Untersuchungen über bakterielle Pflanzenkrankheiten hat sich die Bakteriologie als eine wichtige, eigene Arbeitsrichtung in der Phytopathologie herausgebildet.

Bereits 1915 waren 144 Pflanzengattungen bekannt, an deren Vertretern phytopathogene Bakterien nachgewiesen wurden. Schon in den zwanziger Jahren war die Zahl der eindeutig als Bakteriosen nachgewiesenen Pflanzenkrankheiten größer als die der bakteriellen Erkrankungen von Mensch und Tier.

Man kennt heute über 200 Pflanzenkrankheiten von z. T. erheblicher wirtschaftlicher Bedeutung, die durch bakterielle Erreger hervorgerufen werden. In der DDR kommen mindestens 10 Bakteriosen vor, die in der Praxis Schäden größeren Ausmaßes verursachen. Hinzu kommen noch einige weitere bakterielle Erkrankungen, die bei der zunehmenden Intensivierung und Spezialisierung der Pflanzenproduktion und dem vermehrten Austausch von Saat- und Pflanzgut über große Entfernungen eine potentielle Gefahr darstellen.

Abb. 1. E. F. SMITH (1854–1927)

1. Charakterisierung phytopathogener Bakterien

1.1. Bau der Bakterienzelle

Die Bakterien sind in der Regel einzellige Organismen, die nur mit optischen Hilfsmitteln (Lichtmikroskop, Elektronenmikroskop) sichtbar sind (Abb. 2). Sie können durch Bildung längerer Fäden Mehrzelligkeit aufweisen. Ein echter Zellkern (Nukleus) ist nicht vorhanden. Ihre Fortpflanzung erfolgt überwiegend vegetativ durch einfache Teilung („Spaltung"), die senkrecht zur Längsachse des Körpers erfolgt (Abb. 3), woher auch die Be-

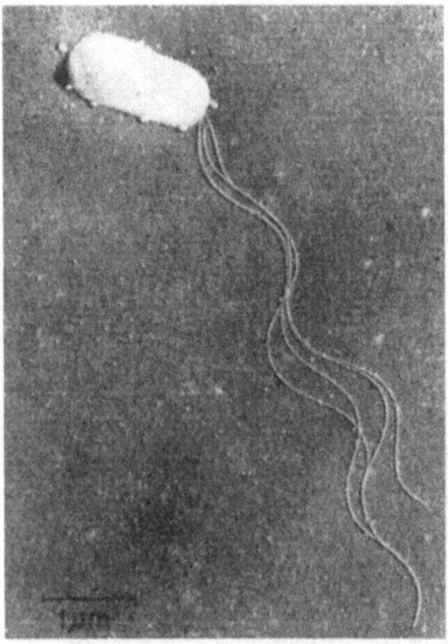

Abb. 2. Elektronenoptische Darstellung eines phytopathogenen Bakteriums (*Pseudomonas syringae*/Pathotyp *P. lachrymans*)

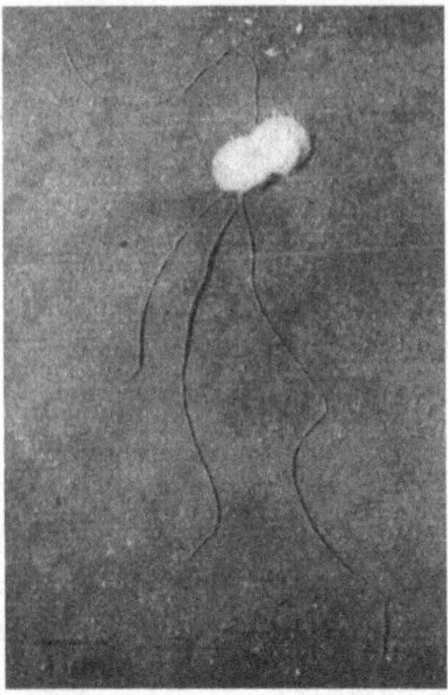

Abb. 3. Bakterienzelle in Teilung (*Erwinia carotovora* var. *atroseptica*)

zeichnung Spaltpilze oder *Schizomycetes* (griech. *schizein* = spalten, *mykes* = Pilz) kommt. Die Mehrheit der Bakterien besitzt kein Chlorophyll.

In morphologischer, zytologischer und biologischer Hinsicht unterscheiden sich die bakteriellen Pflanzenkrankheitserreger von den rein saprophytisch lebenden Bakterien lediglich durch ihre Pathogenität und in bestimmten Fällen durch ihr Toxinbildungsvermögen.

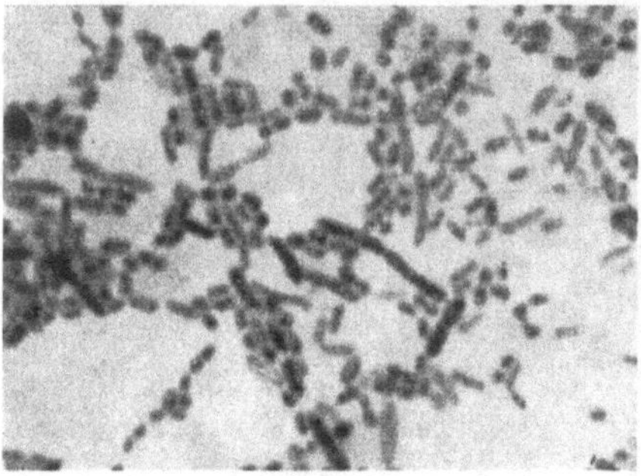

Abb. 4. Kettenbildung bei Bakterien am Beispiel einer Mischpopulation (Sauerkrautproduktion)

Die zu den Ordnungen *Pseudomonadales* und *Eubacteriales* gehörenden phytopathogenen Bakterien sind stäbchenförmig, am häufigsten gerade mit abgerundeten Enden, es können aber auch schwach gekrümmte Stäbchen mit keulenförmigen Anschwellungen an den Enden auftreten (*Corynebacterium*). Sie kommen einzeln oder paarweise vor oder bilden kürzere Ketten, während längere Ketten seltener zu finden sind (Abb. 4). Für manche Arten ist Pleomorphie typisch, d. h. in der gleichen Kultur kommen verschieden lange und dicke Formen und sogar Fäden vor. Bisweilen entstehen unter dem Einfluß äußerer Faktoren „Involutionsformen“, d. h. Abweichungen von der Normalform, die sich in Faden- oder Kugelformen mit Knospungen und unregelmäßigen Teilungen äußern. Unter anomalen Milieubedingungen, z. B. unter dem Einfluß von Antibiotika, bilden sich bei manchen Arten sogenannte L-Formen, zellwandlose „Protoplasten", die sich unter Umständen in die ursprüngliche Bakterienform zurückverwandeln können.

Die Länge der Bakterienzelle schwankt zwischen 1 bis 3 µm, ihre Breite zwischen 0,3 und 0,6 µm; es kommen jedoch auch größere und kleinere Formen vor.

Die ebenfalls zu den Bakterien zählenden Vertreter der Strahlenpilze (*Actinomycetales*) bilden längliche, gewöhnlich fadenförmige Zellen mit deutlicher Tendenz zur Verzweigung. Dabei haben die Hyphen einen Durchmesser von 0,7—1,5 µm. Sie können ein typisches, von den Pilzen her bekanntes Myzel entwickeln (Abb. 5).

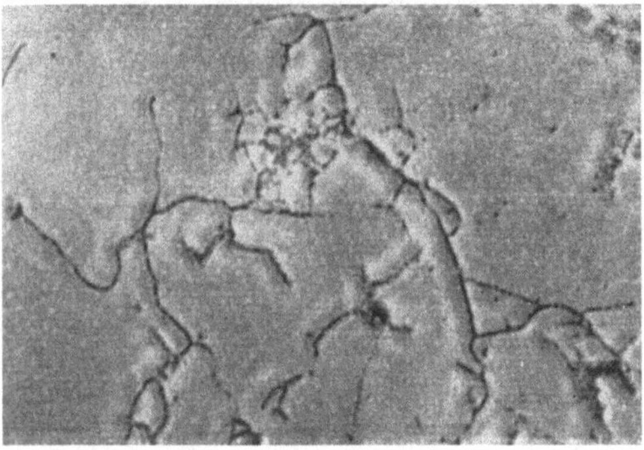

Abb. 5. Strahlenpilzmyzel (Bodenabdruck)

Die Bakterienzelle besteht in der Regel — wie jede Pflanzenzelle — aus dem Protoplasten und der Zellwand; bewegliche Zellen besitzen daneben noch Geißeln zur Fortbewegung (Abb. 6).

Zum Protoplasten gehören das Zytoplasma, die Zellmembran und die Kernsubstanz. Im Zytoplasma können elektronenoptisch in großer Zahl (5000—50000) die Ribosomen, d. h. Körperchen von 16—18 nm Durch-

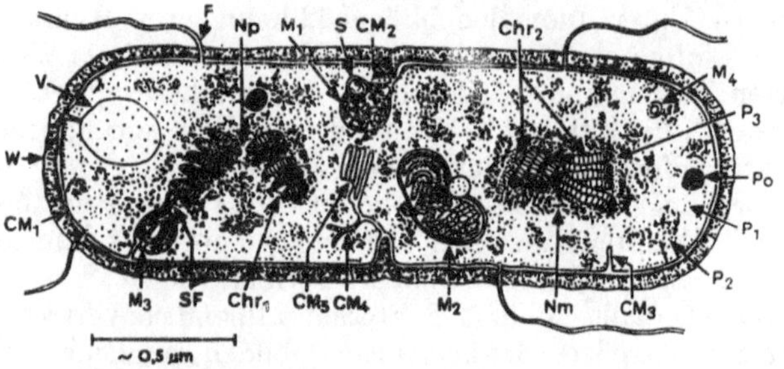

Abb. 6. Schema einer Bakterienzelle (nach DREWS und GIESBRECHT in CASPER 1974)

Chr_1	Chromosom in hochgeordnetem Zustand
Chr_2	Chromosom in Teilungszustand
CM_1	Zytoplasmamembran
CM_2	Invagination der Zytoplasmamembran am Septum
CM_3	Invagination der Zytoplasmamembran unbekannter Bedeutung
CM_4	Bildung verzweigter Membranstrukturen
CM_5	Bildung geschichteter Membranstrukturen
F	Bakteriengeißel
M_1	Membrankörper
M_2	Membrankörper in Teilung
M_3	Indirekte Verbindung zwischen Chromosom und Zytoplasmamembran über den Membrankörper
M_4	tubuläre Struktur im Zytoplasma
Nm	Nukleolarmaterial
Np	„Nukleoplasma“
P_1	Plasmagrundsubstanz
P_2	Ribosomen in Polysomen
P_3	Phasengrenze zwischen „Elementarkern“ und Zytoplasma
Po	Polyphosphatkörper
V	Vakuole
W	Zellwand

messer, festgestellt werden, die aus RNS (etwa 80% der gesamten Bakterien-RNS) und Protein bestehen. Sie enthalten für die Proteinsynthese erforderliche Enzyme. Unter bestimmten Wachstumsbedingungen können Granula auftreten, die aus Volutin oder Fett bestehen und Reservefunktion haben. Der für Bakterien typische Reservestoff Glykogen wurde bei phytopathogenen Formen nicht festgestellt. Vakuolen sind in den Bakterienzellen nicht vorhanden, auch Chloroplasten, Mitochondrien, Golgi-Apparat und ein endoplasmatisches Retikulum fehlen. Ein echter Zellkern kommt in den Bakterienzellen nicht vor, aber elektronenoptisch kann eindeutig ein Kernäquivalent in Form eines oder mehrerer Nukleoide festgestellt werden. Die Nukleoide sind reich an DNS. Differenzierte Chromosomen, ein Mitoseapparat wie auch eine Kernmembran lassen sich nicht nachweisen. Die Teilung des Nukleoids erfolgt als einfache Spaltung. Es wird angenommen, daß der Chromatinapparat aus einem einfachen ringförmigen Chromosom besteht, das die genetische Information des Bakteriums in linearer Anordnung enthält. Das Molekulargewicht der bakteriellen chromosomalen DNS wurde mit etwa $2{,}4 \times 10^9$ berechnet. Sie kann also etwa $3-6 \times 10^6$ Nukleotidpaare enthalten. Daraus kann gefolgert werden, daß das Bakterienchromosom etwa 3000 Gene enthält. Die Zellsubstanz wird von der Zell- oder Zytoplasmamembran begrenzt. Diese aus Lipoproteiden bestehende semipermeable Membran ist die osmotische Grenze der Zelle, kontrolliert den Aus- und Eintritt von löslichen Substanzen im Ergebnis des aktiven Metabolismus im Protoplasma und ist Träger vieler Enzymsysteme, wie beispielsweise von Aminosäureaktivatoren oder von Oxidationssystemen. An Einstülpungen der Zellmembran (an den Mesosomen) sind die Nukleoide angeheftet. Die Mesosome steuern vermutlich bei der Zellteilung die geregelte Aufteilung des genetischen Materials auf die Tochterzellen. Die Zellmembran kann auch der Ausgangspunkt für die Bildung von Thylakoiden sein, d. h. von Lipoproteidlamellen, die, wie z. B. bei phytopathogenen Xanthomonaden festgestellt, in mono-molekularer Schicht Karotinoide tragen.

Die Bakterienzelle ist von einer relativ dicken, starren mehrschichtigen Zellwand umgeben, deren innere Schicht, die Stützschicht, dem Bakterium seine Form gibt und der Zytoplasmamembran direkt anliegt. Ihre chemische Zusammensetzung ist komplexer Natur und bei verschiedenen Arten unterschiedlich. Die Grundsubstanz ist ein Mukopeptid, das Murein, welches aus alternierenden Molekülen von Azetylglukosamin und Muraminsäure besteht. Jedes der Muraminsäuremoleküle enthält Seitenketten, die aus Alanin, Glutamin und Lysin oder Diaminopimelinsäure bestehen. Weitere Eiweiß-, Polysaccharid- und Lipidsubstanzen können diese Grundstruktur ergänzen. Muraminsäure ist ein ständiger Bestandteil der Bakterienzellwand, die 15 bis 20 nm dick ist, granuläre Struktur hat, frei von Zellulose und durchlässig für dispers oder kolloidal lösliche Substanzen ist. Die Zellwand ist von einer dünnen Schleimschicht bedeckt. Unter bestimmten Bedingungen quillt diese Schleimschicht und bildet eine gelatinöse Hülle oder Kapsel. Die Schleimschicht besteht aus Polysacchariden oder aus Polypeptiden hohen Molekulargewichts bzw. einem Gemisch aus beiden.

Durch die Schleimbildung können Bakterienzellen zu Zellverbänden, den sogenannten Pseudozooglöen, zusammengehalten werden.

Da die überwiegende Zahl der phytopathogenen Bakterien keine Sporen bildet, ist die Schleimkapsel von großer Bedeutung für das Überleben der Bakterien: sie sind widerstandsfähiger gegenüber äußeren Einflüssen, wie Hitze, Sonnenstrahlung und Chemikalien. Hierdurch können Bakterien über längere Perioden lebensfähig bleiben. Die Schleimsubstanz ist eine Ursache der Pathogenität bei einer Reihe von Vertretern der Gattung *Pseudomonas* und *Xanthomonas*. So können viskose Polysaccharide aus der Schleimschicht des Bakteriums im Gefäßsystem befallener Pflanzen abgelagert werden und Welkeerscheinungen verursachen, wie es beispielsweise von *Pseudomonas solanacearum* bekannt ist.

Die Ansicht darüber, ob unter den sporenbildenden Bakterien der Gattungen *Bacillus* und *Clostridium*, die ovale, sehr widerstandsfähige, viele Jahre überdauernde Endosporen bilden, Erreger von Pflanzenkrankheiten sind, gehen noch auseinander. GORLENKO (1966) nennt

23 solcher Arten, von denen bei 13 die Pathogenität nicht eindeutig erwiesen sei.

Die phytopathogenen Vertreter der Strahlenpilze bilden an ihren Lufthyphen häufig spiralig angeordnete Sporenketten. Ihre Sporen haben zylindrische Form und sind etwa 1,1—1,4 × 0,8—0,9 μm groß.

Unterschiede in ihren Eiweißbestandteilen sind die Ursache der verschiedenen Reaktion von Bakterien bei der Gram-Färbung, einem in der bakteriologischen Diagnose wichtigen Verfahren. Gram-positive Bakterien färben sich mit Gram-Violettlösung und Gram-Jodlösung violett und werden durch nachfolgende Anwendung von Alkohol oder Azeton nicht entfärbt, während Gram-negative Bakterien bei dieser Behandlung ihre Färbung verlieren. Gram-positive Bakterien besitzen einen farbstoffaufnehmenden Magnesiumribonukleinprotein-Komplex, in dem das Magnesium in Komplexverbindung vorliegt. Gram-negative Bakterien enthalten das Magnesium als Ion. Nur der erstere Komplex hält den Farbstoff bei Alkohol- und Azetonbehandlung fest. Darüber hinaus sind zwischen Gram-positiven und Gram-negativen Bakterien Unterschiede in weiteren Merkmalen und Eigenschaften vorhanden. So besteht die Zellwand Gram-positiver Organismen aus Murein, Polysacchariden und Teichoinsäuren, während die Zellwand Gram-negativer Bakterien demgegenüber Murein, Lipopolysaccharide und Lipoproteine enthält. Gram-positive Bakterien sind widerstandsfähiger gegenüber hohem osmotischem Druck und proteinspaltenden Enzymen, wie Trypsin und Pepsin. Das Mureinnetz ist bei Gram-positiven Bakterien mehrschichtig, bei Gram-negativen einschichtig. Alles das zeugt von grundlegenden Unterschieden in den Proteinfraktionen beider Bakteriengruppen. Unter den eindeutig phytopathogenen Bakterien reagieren nur die Vertreter der Gattung *Corynebacterium* Gram-positiv.

Die meisten der phytopathogenen Bakterien sind dank ihrer **Begeißelung** beweglich. Die Geißeln (Flagella) stellen feine Fäden dar, die 0,012—0,020 nm dick und bis zu 20 nm lang sind und mit einem Ende am Protoplasten haften, wobei jede Geißel einem zytoplastischen Granulum, dem Basalkorn oder Blepharoplasten entspringt, das sich unterhalb der Plasmamembran befindet. Die Geißeln bestehen aus dem sogenannten Flagellin (ein dem Myosin der kontraktilen Muskelfaser ähnliches Protein). Sie setzen sich aus 2—11 Unterfibrillen zusammen, die schraubig umeinandergewickelt sind. Die Wellenbewegung der Geißeln bewirkt die Beweglichkeit der Bakterien. Die Bakterien können eine (uniflagellat) oder mehrere (multiflagellat) Geißeln aufweisen, die sich in ihrer Anordnung bei den verschiedenen Gattungen unterscheiden.

Die Begeißelung ist monotrich, wenn eine einzelne Geißel polar oder bipolar angeordnet ist (Gattung *Xanthomonas*), lophotrich, wenn ein Geißelbüschel (2—50 Geißeln) polar angebracht ist (Gattung *Pseudomonas*) und peritrich bei gleichmäßiger Anordnung der Geißeln über die gesamte Bakterienoberfläche (Gattung *Erwinia* und *Bacillus*) (Abb. 7 A ··· E). Einzelgeißeln müssen nicht immer am Zellpol angebracht sein, ihr Ansatz kann etwas seitlich verschoben sein. Unter den Gattungen *Agrobac-*

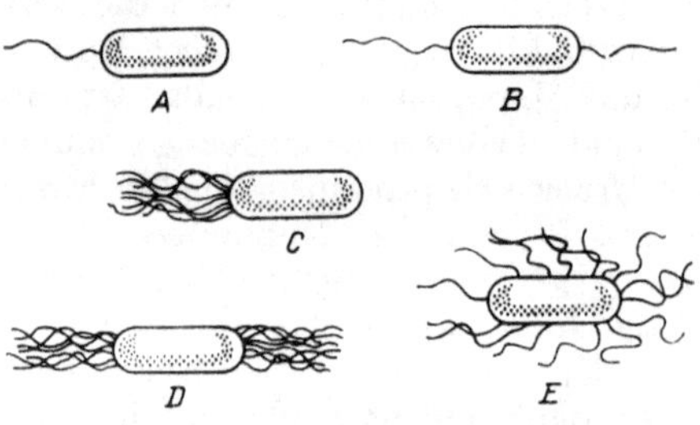

Abb. 7. Begeißelungsformen bei Bakterien (nach Pelczar und Reid)

A monopolar (bzw. monotrich)
B bipolar (bzw. amphitrich)
C, D lophotrich
E peritrich

terium und *Corynebacterium* finden sich nichtbewegliche, unbegeißelte und bewegliche, monotrich begeißelte Formen.

Neben den Geißeln können an der Bakterienoberfläche Fimbrien oder Pili auftreten, wahrscheinlich Proteinröhren, von etwa 12 µm Länge und einem Durchmesser von 25 nm, deren Funktion mit sexuellen Prozessen der Bakterien im Zusammenhang steht.

Die morphologischen Merkmale der in diesem Buch behandelten phytopathogenen Bakterien sind in Tabelle 1 zusammengestellt.

1.2. Serologie

Bakterienzellen bestehen zum großen Teil aus Substanzen mit antigenen Eigenschaften (Proteine und Protein-Polysaccharidkomplexe), wobei die Bakterienzelle jedoch kein homogenes Antigen darstellt, sondern aus vielen Antigenen besteht, die ein sogenanntes Antigenmosaik bilden. Die Antigene der Bakterienzelle sind im Zellinnern, in der Zellwand und in den Geißeln enthalten. Die verschiedenen antigenen Gruppen reagieren unabhängig voneinander, wobei immer nur bestimmte Antigene wirksam sind. Werden beispielsweise die thermolabilen, aus Proteinen bestehenden Geißelantigene (H-Antigene) durch Kochen beseitigt, so bilden die thermostabilen, chemisch Lipopolysaccharid-Protein-Komplexe darstellenden somatischen bakteriellen Antigene (0-Antigene) bei der Reaktion mit einem homologen Antiserum einen feinen Niederschlag — die sogenannte 0-Agglutination — während die lebenden Zellen, die noch die Geißelantigene enthalten, bei der serologischen Reaktion stärker verklumpen, es vollzieht sich die sogenannte H-Agglutination. Die serologischen Reaktionen von bakteriellen Antigenen sind auf Grund ihrer großen Spezifität eine wichtige Ergänzung der auf morphologischer und biochemischer Basis beruhenden Bakteriendiagnose.

Tabelle 1

Morphologische Merkmale ausgewählter phytopathogener Bakterien

Bakterium	Gram-färbung	Größe	Form	Begeißelung	Kolonieform und Farbe auf Bouillon-agar	Flu-ores-zenz	Besonderheiten
Pseudomonas caryophylli	–	2,0 × 0,8 µm	z. T. leicht gekrümmte Stäbchen	mehrere polare Geißeln	anfangs lila- bis grauviolett, später braun; rund, glatt, glänzend		keine Schleimbildung auf Saccharose-Medien; gelb-grünes, nicht fluoreszierendes diffundierendes Pigment; weist Poly-β-hydroxybuttersäure-Granula auf
*fabae**)	–	1,1–2,8 × 0,8–1,1 µm	gerades Stäbchen	1–4 polare Geißeln	anfangs weiß, später lachsfarben; rund, glänzend, glatt oder gefaltet, ganzrandig, viskos		
*maculicola**)	–	1,5–3,0 × 0,8–0,9 µm	kurzes Stäbchen, das Pseudozooglöen und teratologische Formen bildet	1 bis mehrere polare Geißeln	weiß bis schmutzig-weiß; rund, schleimig, durchscheinend, ganzrandig, wellige Ränder	+	

marginata	–	2,0 × 0,8 µm	zylindrisches Stäbchen, das Kapseln bildet	mehrere polare Geißeln	weiß; anfangs rund, später unregelmäßig lappig, mit glattem Zentrum und dickeren Rändern	+	Schleimbildung auf Saccharose-Medien (vor allem in Eisen-Mangel-Komplex-medien), gelb-grünes, nicht fluoreszierendes, diffundierendes Pigment; weist Poly-β-hydroxybuttersäure Granula auf
syringae	–	1,5–3,0 × 0,7–1,2 µm oder länger	gerades Stäbchen, einzeln, paarweise oder in kurzen Ketten auftretend	mehrere polare Geißeln	grau-weiß; rund oder fransiger Rand; glatt oder runzlig; konvex, transparent	+	Schleimbildung auf Saccharose-Medien (vor allem in Eisen-Mangel-Komplex-medien)
*Xanthomonas beticola**)	–	0,6–2,0 × 0,4–0,8 µm	gerades Stäbchen, das Kapseln bildet	1–4 teils bipolare Geißeln	gelb; rund, glatt oder faltig	–	
campestris	–	0,7–3,0 × 0,4–0,5 µm	gerade, gekrümmt oder an einem Ende verdickt, tritt einzeln, paarweise oder in Ketten auf	1 polare Geißel	gelb; glatt; feuchtglänzend; rund, flach bis konvex; ganzrandig	–	Schleimbildung auf Saccharose-Medien (vor allem in Eisen-Mangel-Komplex-medien)

*) gilt neuerdings als nicht ausreichend definierte Art

Tabelle 1: (Fortsetzung)

Bakterium	Gram-färbung	Größe	Form	Begeißelung	Kolonieform und Farbe auf Bouillon-agar	Flu-ores-zenz	Besonderheiten
Agrobacterium rhizogenes	–	1,4 × 0,4 μm	gerades Stäbchen, Kapseln kommen vor	1 polare Geißel	weiß bis grau; rund, glatte, konvexe Oberfläche; glatter Rand	–	kein Wachstum auf Mannit-Nitrat-Glyzerophosphat-Agar
tumefaciens	–	stark schwankend, meist 1,0 – 3,0 × 0,4 – 0,8 μm	gerades Stäbchen; teratologische Formen kommen vor, einzeln oder in kurzen Ketten auftretend	polar	weißlich, durchsichtig; klein, rund, etwas erhaben; feuchtglänzend	–	Mannit-Nitrat-Glyzerophosphat-Agar: Schleimiges Wachstum mit Halo oder Bräunung und oft mit weißem Präzipitat
Erwinia amylovora	–	0,9 – 1,8 × 0,6 – 0,9 μm	gerades Stäbchen, einzeln, paarweise oder in 3 – 4gliedrigen Ketten auftretend	peritrich	opaleszent weiß; rund, ganzrandig, butterartige Konsistenz; (auf 5%igem Saccharose-Medium typisch weiß, gewölbt, glänzend, schleimig)	–	
carotovora var. *carotovora*	–	1,5 – 5,0 × 0,6 – 0,9 μm	gerades Stäbchen, einzeln	peritrich	weißgrau; rundlich, leicht er-	–	

und var. *atroseptica*			und in kürzeren Ketten auftretend, bildet Zooglöen		haben, flach, feucht aussehend		
Corynebacterium insidiosum	+	0,7 – 1,0 × 0,4 – 0,5 µm	unbewegliches, einzeln oder in Paaren auftretendes Stäbchen, vorherrschend keilförmig, kokkoid, gekrümmt oder gestreckt	geißellos	weiß bis blaßgelb; rund, glatt, opak; schleimig; ganzrandig; flach oder leicht erhaben	–	
michiganense	+	stark schwankend, je nach Stamm 0,7 – 1,2 × 0,6 – 0,7 µm	einpolige Anschwellungen, Verzweigungen, kokkoid, gekrümmt oder gestreckt einzeln u. paarweise	höchst wahrscheinlich geißellos	blaßgelb; glatt, feuchtglänzend; opak, klein	+	dunkelblaue bis violette Indigoidin-Granula bildend
sepedonicum	+	0,8 – 1,2 × 0,4 – 0,6 µm	Stäbchen mit einseitig geringer Anschwellung; einzeln, paarweise oder bis zu 4 zusammen auftretend; neigt zur Bildung teratologischer Formen	geißellos	weiß oder schwach gelblich; opak, glitzernd; schleimig; dünn	–	

1.3. Bakteriophagen

Wie es insgesamt unter den Bakterien kaum eine Gruppe gibt, bei der bisher keine Bakteriophagen (Bakterienviren) gefunden wurden, so sind auch bei den phytopathogenen Bakterien, bei denen danach gesucht wurde,

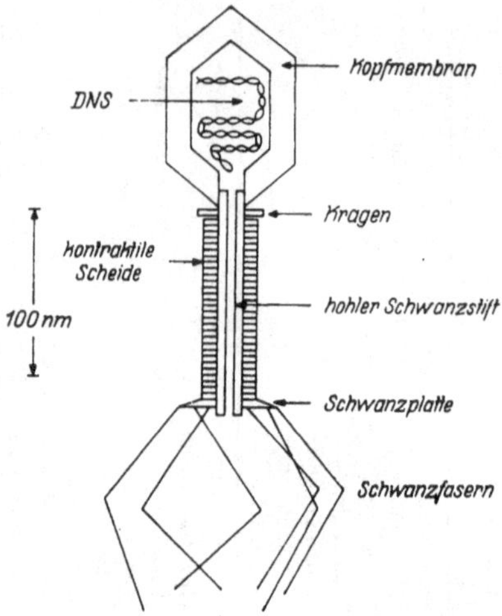

Abb. 8. Morphologie eines Bakteriophagen (Schema) (nach THIMANN)

Bakteriophagen bzw. Aktinophagen (Aktinomyzeten befallende Viren) nachgewiesen worden. Bei ein und derselben Bakterienform können verschiedene Phagenarten vorkommen. Hinsichtlich der Phagen-Wirt-Beziehungen lassen sich zwei Formen unterscheiden:

1. Die L y s i s, d. h. die Phagenvermehrung endet mit einem Platzen (Lyse) der Bakterien, wodurch die Phagen wieder freigesetzt werden. Der Lysis geht die Adsorption, die Verschmelzung und die intrazelluläre Vermehrung der Phagenpartikeln voraus (Abb. 8).

2. Die Lysogenie, d. h. die Phagen können längere Zeit in den Bakterien anwesend sein und sich durch alle Teilungsvorgänge erhalten, ohne daß es zur Bildung selbständig wirksamer Bakteriophagen kommen muß. Die Phagen, die die Bakterien zur Lysogenie veranlassen können, bezeichnet man als temperierte Phagen. Die lysogenen Bakterien enthalten das Phagenmaterial als sog. Prophagen, die direkt in das Bakterienchromosom eingebaut sein können. Ein sehr geringer Teil der so infizierten Bakterien (sensible Stämme) kann durch Lysis spontan Phagen freisetzen. Andererseits können durch äußere Einflüsse, z. B. UV-Strahlung, von temperierten Phagen befallene Bakterienzellen sensibilisiert und zur selbständigen Phagenvermehrung veranlaßt werden, was dann ebenfalls zur Lysis führt.

Auch in der Phytopathologie wurde versucht, diese Phagen-Wirt-Beziehungen praktisch nutzbar zu machen. Im Mittelpunkt erster Versuche stand das Bemühen, Phagen unmittelbar für therapeutische Zwecke zu verwenden. Diese Versuche führten zu keinen praktischen Ergebnissen. Jüngere Arbeiten sind auf die Nutzung von Bakteriophagen für die systematische Identifizierung und zum Nachweis phytopathogener Bakterien in erkrankten Pflanzengeweben gerichtet. Breite praktische Anwendung haben aber alle diese Arbeiten bisher nicht gefunden.

1.4. Variabilität und Genetik

Vorherrschend ist bei den phytopathogenen Bakterien die asexuelle Reproduktion durch Zweiteilung der Mutterzelle. Hierbei treten keine meiose- oder mitoseähnlichen Prozesse auf. Die geregelte Aufteilung des Kernäquivalents erfolgt mit Hilfe der Mesosomen, an denen es repliziert wird, und die Replikationsprodukte werden dann durch Bildung einer doppelt transversen Membran mit dem Protoplasten zweigeteilt. Schließlich wächst die Zellwand als Trennwand ringförmig nach innen, teilt sich dann in zwei Zellwände, so daß mit den selbständigen Tochterzellen in morphologischer wie physiologischer Hinsicht Duplikate der Elternzelle entstehen (s. Abb. 3 und 4).

Wie jeder lebende Organismus sind aber auch die phytopathogenen Bakterien ständigen Veränderungen unterworfen, die von Bedeutung für ihre Pathogenität sein können. Solche vererbbaren Änderungen können durch spontane Mutationen und durch Formen der Rekombination erfolgen. Letztere sind trotz Fehlen eines eigentlichen Sexualaktes bei den Bakterien mittels verschiedener parasexueller Mechanismen, der Transformation, der Transduktion und der Konjugation möglich (Abb. 9).

Die einfachste Form der Rekombination der genetischen Substanz stellt die Transformation dar. Bei ihr wird aus einem Bakterienstamm ausgeschiedene DNS von lebenden Zellen eines anderen Stammes aufgenommen und in deren Genom eingefügt.

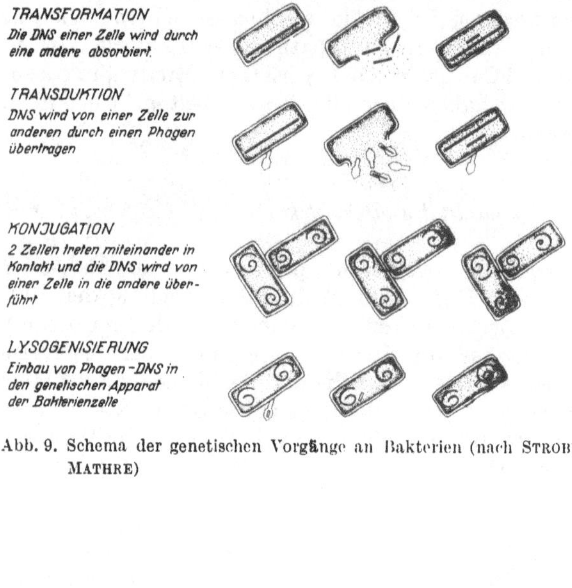

Abb. 9. Schema der genetischen Vorgänge an Bakterien (nach STROBEL und MATHRE)

Bei der Transduktion wird von einem temperierten Phagen bei Verlust eigener Genomsubstanz ein Teil der DNS seines Wirtsbakteriums aufgenommen und mit dem eigenen Gen auf das anschließend befallene Bakterium übertragen, in dessen Genom so die DNS integriert wird.

Die Konjugation setzt im Gegensatz zur Transformation und Transduktion Zellkontakt voraus. Der Übergang der Erbfaktoren ist einseitig, d. h. er erfolgt vom Donator zum Rezipienten. Bei der Konjugation wird wahrscheinlich der im Plasma frei vorliegende Geschlechtsfaktor (s. Sachverz.) von der ihn besitzenden F^+-Zelle (Donator) in die F^--Zelle (Rezipient) überführt. Diese wird danach ebenfalls zur F^+-Zelle. Bei bestimmten Zellen der F^+-Stämme können die F-Faktoren sich dem Chromosom anlagern. Dadurch werden sie zu Hfr-Bakterien ("high frequency of recombination"), die eine Rekombination des übrigen Genoms einleiten können, indem der angelagerte F-Faktor die Verlagerung des Chromosoms durch eine Plasmabrücke vom Hfr-Partner (Donator) in die F^-- oder F^+-Zelle (Rezipient) veranlaßt. Die Rezipientenzelle enthält dann neben ihrem eigenen kompletten Genom noch einen Teil des Hfr-Genoms, wodurch die Voraussetzung für die Rekombination geschaffen ist. Diese vor allem bei *Escherichia coli* eingehend untersuchte Erscheinung wurde auch bei phytopathogenen Bakterien der Gattungen *Pseudomonas* und *Xanthomonas* beschrieben.

Bei den Mutationen kann unter dem Einfluß von Strahlungen oder Chemikalien sich ein Teil der DNS des Nukleoids verändern. Sie können in jedem Teil des DNS-Moleküls erfolgen, wobei sie in einigen Abschnitten häufiger auftreten können als in anderen. Mutationen kommen z. B. in Änderungen der Kolonie- und Zellmorphologie, der Farbe, der antigenen Eigenschaften, der Virulenz, der Phagenresistenz und der Bakterienempfindlichkeit zum Ausdruck. Sie gehen ständig in Bakterienpopulationen vor sich, so daß die Bakterienkulturen, mit denen in der Phytopathologie gewöhnlich gearbeitet wird, im genetischen Sinne immer heterogene Populationen darstellen. Die Mutationshäufigkeit innerhalb einer Bakterienpopulation beträgt etwa 1×10^{-5} bis 1×10^{-10} und entspricht somit der Rate bei höheren Organismen. Bei den Bakterien werden aber Mutationen aller Art phänotypisch ungleich stärker wirksam, weil sie im Gegensatz zu den meisten anderen Organismen haploid sind.

Die weitere Ausbreitung der Mutanten in der Population hängt von den Selektionsbedingungen ab. So können antibiotikaresistente Stämme in Bakterienpopulationen auftreten, die nie mit dem Antibiotikum in Berührung gekommen sind. In einem antibiotikafreien Medium werden die Mutanten durch die Ausgangsformen niedergehalten. Bei Anwesenheit des Antibiotikums wird die Ausgangsform unterdrückt und die Mutante selektiv begünstigt.

1.5. *Physiologie und Biochemie der Bakterien*

Die Vermehrung und das Wachstum der Bakterien in einem gegebenen Medium werden von verschiedenen Faktoren beeinflußt. Phytopathogene Bakterien beginnen sich bei Temperaturen von 5—10 °C zu vermehren. Ihr Temperaturoptimum liegt bei 25—30 °C, während sie bei 33—40 °C ihre Vermehrung einstellen. Der thermale Tötungspunkt befindet sich bei etwa 50 °C (10 Minuten). Im Unterschied zu den Pilzen, die ein leicht saures Milieu für ihr Wachstum lieben, vermehren sich phytopathogene Bakterien in einem neutralen bis leicht alkalischen Milieu gut (optimaler pH-Wert bei 7,0—8,0); gegenüber sauren Medien reagieren sie in der Regel empfindlich. Die phytopathogenen Bakterien sind in ihrer überwiegenden Mehrzahl aerob, d. h. sie benötigen zu ihrer Entwicklung molekularen Sauerstoff und entwickeln sich gut an der Oberfläche und in belüfteten Schüttelkulturen. Einige Arten sind fakultativ anaerob, d. h. sie können auch in Abwesenheit von molekularem Sauerstoff innerhalb der Pflanzengewebe wachsen.

Physiologische Leistungen ausgewählter phytopathogener Bakterien

	aerob/fakultativ anaerob	minimale Wachstumstemperatur °C	maximale Wachstumstemperatur °C	optimale Wachstumstemperatur °C	thermaler Tötungspunkt °C	Gelatinehydrolyse	Nitratreduktion	Indolbildung	Schwefelwasserstoffbildung	Ammoniakbildung	Milchkoagulation	Milchpeptonisierung	Stärkehydrolyse	Urease nachweisbar	Lipase nachweisbar	Glukose	Galaktose	Mannose
1	2	3	4	5	6	7	8	9	10	11	12	13	14	15	16	17	18	19
Pseudomonas caryophylli	a	<5	46	30–33		+	+	–	–	–	+	–	–		+ (einige Stämme)	S	S	
*fabae**)	a	4	37–38	35	52–53		+	+			–	–	±			S	–	
*maculicola**)	a	<0	29	24–25	46	+	–	±	–	±	–	+	+		–	S	S	
marginata	a	5	40	30–35	53	+	–	+	+	+	+	–	±		+	S	S	S
syringae	a	4 (einige Stämme)	40	25–30	48–50	+ (einige Stämme)	+	–	–		+	+	+		–	S		S
*Xanthomonas beticola**)	a	1,5	39	29	51–52	+	+	–	+	+	+	+	+			S		
campestris	a	5	38–39	30–32	51	+	–	+	+	+	+	+	+	–	+	S	S	
Agrobacterium rhizogenes	a			20–28		–	–	–		+			–		–	S	S	S
tumefaciens	fa	0	37	25–30	50–52	–	+	+	+	+	+	–	–		–	S	S	
Erwinia amylovora	fa	0,5–3	33–34	28–30	44–50	+	–	–	–	–	+	+	–	–		SG	S	–
carotovora var. *carotovora*	fa	4	37–40	25–30	48–51	+	+	–	+		+	–	+	–	–	SG	SG	S
carotovora var. *atroseptica*	fa		35			+	+	–	+		+	–	–	–		SG	SG	S
Corynebacterium insidiosum	a	<1	28–31	21–24	51–52	+	–	–	–	–	+	–	+	–	–	S	S	
michiganense	a	1	36–37	24–27	53	+	–	–	–	+	+	–	+	–	–	S	S	
sepedonicum	a	3–4	30–31	20–23	50	±	+	–	+		+	–	+	–		S	S	

*) gilt neuerdings als nicht ausreichend definierte Art

erwertung von C-Quellen unter Säure (S)- bzw- Gas (G)-bildung																	Besonderheiten	G + C-Gehalt (mol %; DNS)
Xylose	Maltose	Laktose	Laevulose	Arabinose	Raffinose	Sorbit	Mannit	Dulzit	Salizin	Arbutin	Aeskulin	Amygdalin	Glyzerin	Inosit	Fukose	Adonit		
25	26	27	28	29	30	31	32	33	34	35	36	37	38	39	40	41	42	43
S	–	S	S	S			S		S				S		S			65,3
	–	–	–	–	–	–										–		
S	–	–					S		–				S					
S	–								S				S				Oxidase – positiv	68,5
		–	S	S	–	S							S				Tabakhypersensibilität – positiv	59–61
	S	–					S											
S	S	–	S	S	S		S	–	–		S		S					
S		S	–	S	–		–	–	S	–							3-Ketolaktose-Produktion – negativ	
			S	S			S		S								3-Ketolaktose-Produktion – positiv	
–	–	–	S	S (viele Stämme)	–	S (viele Stämme)			–	S	–	S	–				Pektolyse – negativ	53,6–54,1
S	S (viele Stämme)	S	SG	S	S	S	S	–	S		S		–	S (viele Stämme)		–	α-Methylglykosid – negativ; Pektolyse – positiv	50,5–53,1
S	S	S	SG	S	S	S	S	–	S		S	S	–	–		–	α-Methylglykosid – positiv; Pektolyse – positiv	51,3 bzw. 53,1
		S									+		S				LL-Diaminopimelinsäure – positiv	78,1
	S	S	S				S		S		+		S				LL-Diaminopimelinsäure – positiv	67,3–70,7
S	S	S	S				S		S		+						LL-Diaminopimelinsäure – positiv	69,8

Die phytopathogenen Bakterien sind hinsichtlich ihrer C- und N-Ernährung heterotroph, d. h. sie erhalten die für ihre Lebensprozesse benötigte Energie durch Aufspaltung aus organischem Material, z. B. aus Polysacchariden und Proteinen. Bei der Zerlegung der C-Quellen können Säuren und Gas gebildet werden. Da die verschiedenen Arten im unterschiedlichen Maße hierzu befähigt sind, wird dies zur Differentialdiagnose pflanzenpathogener Bakterien genutzt.

Paratrophe Formen, d. h. obligate Parasiten, die sich nur im Wirtsgewebe vermehren können, treten unter den phytopathogenen Bakterien nicht auf.

Daher lassen sich alle bisher bekannten bakteriellen Erreger von Pflanzenkrankheiten auf in der Bakteriologie üblichen Nährmedien vermehren. Unter kontrollierten Bedingungen ist die Vermehrungsdynamik arttypisch, wobei sich in der Regel die phytopathogenen Bakterien langsamer vermehren als die saprophytischen.

In flüssigen Nährmedien lassen sich die folgenden Vermehrungsphasen unterscheiden: Nach der Inokulation in ein neues Medium vergeht einige Zeit, bis die Vermehrung einsetzt. Diese Phase wird Lag-Phase genannt. Es folgt dann eine Periode der schnellen Vermehrung, in der die Zahl der Bakterien in der Art einer geometrischen Reihe wächst, die exponentielle, logarithmische oder Log-Phase. Auf Grund der allmählichen Erschöpfung von Nährstoffen, Veränderungen im pH-Wert oder der Ansammlung von Bakterienmetaboliten, wird die Bakterienvermehrung gebremst. Es tritt die sogenannte stationäre Phase ein, in der die Zahl der lebenden Bakterien konstant bleibt. Ihr folgt die Absterbe- oder decline-Phase, während der mehr Bakterien absterben, als neue gebildet werden (Abb. 10).

Bei phytopathogenen Bakterien tritt die Log-Phase 3 oder 4 Stunden nach der Inokulation ein und erreicht in Abhängigkeit von der Art die stationäre Phase nach 24 bis 28 Stunden.

Auf festen Nährmedien bilden die Bakterien Kolonien, wobei ihre Farbe, Form, Oberfläche und Umrisse art- bzw. stammestypisch sind. Bei bestimmten Arten kann die Kolonie dabei in genetisch bedingten unterschiedlichen Dissoziationsformen auftreten: in der S- oder „smooth"-Form (glatte Kolonie, glatter Rand, glänzende Oberfläche), in der R- oder „rough"-Form (gezackter Kolonierand, matte, nicht glänzende Oberfläche) und in der M- oder „mucous"-Form. Diese durch Mutationen bewirkten Umwandlungen in der Kolonieform sind mit Veränderungen weiterer Eigenschaften der Bakterien verbunden.

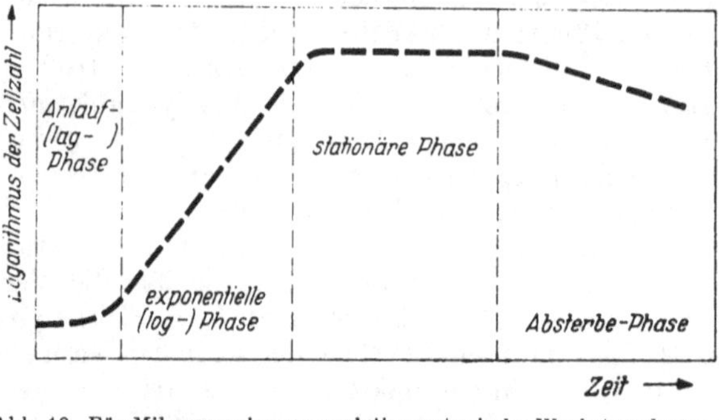

Abb. 10. Für Mikroorganismenpopulationen typische Wachstumskurve (nach SCHLEGEL)

Die Oberfläche der Kolonien von Strahlenpilzen kann mit Luftmyzel bedeckt sein.

Phytopathogene Bakterien bilden zwei Typen von Pigmenten: wasserunlösliche, die nicht in das Medium gelangen und lösliche, die in das Medium diffundieren, auf dem die Bakterien wachsen. Erstere werden beispielsweise von den Xanthomonaden gebildet, wodurch ihre Kolonien eine typische gelbe Färbung zeigen. Lösliche Farbstoffe treten bei Pseudomonaden auf, die ein grünlich-fluoreszierendes Pigment bilden und dadurch eine im UV-Licht gut sichtbare Fluoreszenz des Nährmediums verursachen. Die Fluoreszenz tritt jedoch nicht auf allen Nährmedien auf.

Bakterienzellen enthalten — wie auch Zellen höherer Organismen — zur Steuerung der komplizierten Stoffwechselprozesse Fermente. Hier sind beispielsweise Phosphorylasen, Transferasen, Dekarboxilasen, Oxidasen, Dehydrogenasen und Hydrasen zu nennen, die in den Bakterienzellen an den Ribosomen und zytoplasmatischen Membranen lokalisiert sind. Die dank der Aktivität solcher Fermente aus den angegriffenen Substanzen entstehenden Spaltprodukte können bei der Kultur der Bakterien auf künstlichen Nährmedien zu diagnostischen Zwecken genutzt werden, da die Fermentaktivitäten bei den verschiedenen Arten unterschiedlich sind. Auf die Zerlegung von C-haltigen Substanzen wurde oben bereits hingewiesen. Eine Reihe von Bakterien vermag Nitrate (NO_3) zu Nitriten (NO_2) zu reduzieren. Mit Hilfe proteolytischer Fermente wird Gelatine verflüssigt. In Abhängigkeit von der Bakterienart kann im Prozeß der Aufspaltung von Eiweißen oder Peptonen Indol (Aufspaltung von Tryptophan), Ammoniak oder Schwefelwasserstoff gebildet werden.

Milch kann durch Bakterien koaguliert oder peptonisiert werden. Auch Lipasen, d. h. Fermente, die Lipide und Fette aufspalten, sind bei phytopathogenen Bakterien verbreitet. Manche Bakterien sind in der Lage, Stärke zu hydrolysieren. Durch eine besonders starke diastatische Wirkung zeichnet sich z. B. *Xanthomonas campestris*/Pathotyp *X. begoniae,* der Erreger der Blattfleckenkrankheit der Begonien, aus. Eine Reihe phytopathogener Bakterien, wie z. B. der Erreger der Schwarzadrigkeit des Kohls, *Xanthomonas campestris,* und der Erreger der Ringfäule der Kartoffel, *Corynebacterium sepedonicum* u. a., kann Zellulose zerlegen. In der Regel sind Vertreter der Gattung *Pseudomonas* nicht mit Zellulasen ausgestattet. Fermente, die die Mittellamellen des Zellgewebes auflösen, wie Pektinasen, Protopektinasen und Polygalakturonasen, sind bei den meisten phytopathogenen Bakterien vorhanden. Ihre Aktivität ist am stärksten bei den Fäuleerregern ausgeprägt. Eine zusammengefaßte Darstellung der physiologischen Reaktion der in diesem Band behandelten phytopathogenen Bakterien ist in Tabelle 2 enthalten.

Von krankheitserregenden Bakterien können Toxine produziert werden. Diese gehören entweder zur Gruppe der Pathotoxine, d. h. zu solchen Toxinen, die eine wesentliche ursächliche Rolle bei der Ausbildung des Krankheitssyndroms spielen und dieselbe Wirtsspezifität wie das sie ausscheidende Pathogen haben, oder zur Gruppe der Vivotoxine, die im geringeren Maße an der Symptomausbildung beteiligt und gewöhnlich unspezifisch sind. Mit ihrer Einwirkung auf empfindliche Pflanzen desorganisieren sie entsprechende Enzymsysteme und führen zum Absterben oder zur Welke befallener Gewebe- oder Organteile.

Zur ersteren Gruppe gehört das Wildfeuer-Toxin, das von *Pseudomonas syringae*/Pathotyp *P. tabaci* gebildet wird. Das Toxin, ein niedermolekulares Peptid, inhibiert als Antimetabolit die Synthese der Glutaminsynthetase, die eine wichtige Rolle bei der Chlorophyllbildung spielt. So sind die chlorotischen Höfe um die durch das Bakterium befallenen Blattflächen zu erklären.

Zu den Vivotoxinen gehören die oben (Abschnitt 1.1.) bereits erwähnten Polysaccharide der Schleimhülle verschiedener Pseudomonaden und Xanthomonaden sowie die Glukopeptide, die bei Vertretern der Gattung *Corynebacterium* beschrieben wurden. So bildet *C. sepedonicum*, der Erreger der Ringfäule der Kartoffel, ein welkeerzeugendes toxisches Glukopeptid mit einem Molekulargewicht von 21400. Es stellt ein stark verzweigtes Heteropolymer dar, dessen Peptidanteil nur 5% des Moleküls ausmacht und aus 9 Aminosäuren besteht, von denen Alanin und Glyzin terminal im Verhältnis 3:2 auftreten. Sein Kohlenhydratanteil besteht zu 48% aus Glukose und 13% aus Mannose. Der primäre Toxineffekt beruht auf Zerstörung der Zellmembranen der Wirtszellen, wodurch die Welke eintritt. Das Toxin hat antigene Eigenschaften und ist wirtsunspezifisch. Bei *C. michiganense*, dem Erreger der bakteriellen Tomatenwelke, wurden 3 Glukopeptide isoliert, die sich in ihrem Molekulargewicht und in der Toxizität unterscheiden, aber alle drei bei Tomatensprossen Welke noch bei Konzentrationen von 50 μg je Sproß verursachen.

1.6. Taxonomie

Die Bakterien gehören auf Grund des Fehlens eines echten Zellkerns zum Reich der Procaryotae. Ihre Klassifizierung ist nicht einfach und die Auffassungen der Spezialisten gehen weit auseinander. Dessen ungeachtet hat es eine große Zahl von Klassifizierungsvorschlägen gegeben, denen morphologische Merkmale (Gestalt, Vorhandensein, Anordnung oder Fehlen von Geißeln), physiologische und antigene Eigenschaften, biochemische Aktivitäten, Pathogenitätsverhalten oder Wirtsbeziehungen zu Grunde lagen.

Es ist jedoch noch nicht gelungen, ein natürliches System der Bakterien zu entwickeln. Ein Ausdruck der noch weit auseinandergehenden Auffassungen über die taxonomischen Kategorien ist die Tatsache, daß in der 1974 erschienenen 8. Auflage von "BERGEY's Manual of Determinative Bacteriology", ein von führenden Bakteriologen geschriebenes Standardwerk, auf die noch in der 7. Auflage enthaltene systematische Einteilung der Bakterien in 10 Ordnungen verzichtet wurde. Lediglich die Gattungen und Arten, in wenigen Fällen die Familien, werden als gegenwärtig genügend präzisierte taxonomische Kategorien angesehen, während an Stelle höherer taxonomischer Kategorien 19 Gruppen nach pragmatischen Gesichtspunkten gebildet wurden. Unter den Procaryotae sind phytopathogene Organismen nicht nur innerhalb der Bakterien, sondern auch in der Gruppe der Rickettsien und der Mykoplasmen beschrieben worden; die Meldungen über das Vorkommen phytopathogener Rickettsien sind allerdings bisher weder bestätigt noch widerrufen worden. Die Vertreter dieser Gruppen lassen sich durch die folgenden Merkmale von phytopathogenen Bakterien unterscheiden (Tab. 3).

Tabelle 3

Unterscheidungsmerkmale möglicher phytopathogener Vertreter aus der Abteilung Prokaryotae

	Bakterien	Rickettsien	Mykoplasmen
Wachstum auf künstlichem Medium	+	–	+
Zellwand vorhanden	+	+	–

Nach der in "BERGEY's Manual of Determinative Bacteriology" (1974) verwendeten Einteilung sind die phytopathogenen Bakterien auf wenige der 19 aufgestellten Gruppen konzentriert. In die Gruppe der Gram-negativen aeroben Stäbchen und Kokken sind folgende Gattungen eingeordnet, zu denen phytopathogene Bakterien gehören:

1. Familie: *Pseudomonadaceae* Winslow, Broadhurst, Buchanan, Krumwiede, Rogers und Smith 1917
   1. Gattung: *Pseudomonas* Migula 1894
   2. Gattung: *Xanthomonas* Dowson 1939

3. Familie: *Rhizobiaceae* Conn 1938
   2. Gattung: *Agrobacterium* Conn 1942

In die Gruppe der Gram-negativen fakultativ anaeroben Stäbchen ist eine Gattung eingeordnet, der phytopathogene Bakterien zugehören.

1. Familie: *Enterobacteriaceae* Rahn 1937
   12. Gattung: *Erwinia* Winslow, Broadhurst, Buchanan, Krumwiede, Rogers und Smith 1920

a) *Amylovora*-Gruppe
b) *Herbicola*-Gruppe
c) *Carotovora*-Gruppe

WALDEE (1945) gliederte die peritrich begeißelten, Protopektinase-bildenden Naßfäuleerreger aus der Gattung *Erwinia* aus und stellte die gesonderte Gattung *Pectobacterium* Waldee auf, eine Einteilung, die heute noch in der phytopathologischen Literatur verbreitet ist, aber in "BERGEY's Manual" (8. Aufl. 1974) keinen Eingang gefunden hat. In der vorliegenden Darstellung wird auf Grund der neueren taxonomischen Untersuchungen der Bezeichnung *Erwinia* der Vorzug gegeben.

In der Gruppe der *Actinomycetes* und ihnen verwandter Organismen sind die folgenden phytopathogene Bakterien umfassende Gattungen enthalten:

Gruppe der coryneformen Bakterien

1. Gattung: *Corynebacterium* Lehmann und Neumann 1896
   B. Pflanzenpathogene Corynebacterien

1. Ordnung: *Actinomycetales* Buchanan 1917

7. Familie: *Streptomycetaceae* Waksman und Henrici 1943

   1. Gattung: *Streptomyces* Waksman und Henrici 1943

Die *Actinomycetales* (Strahlenpilze) wurden erstmals von WAKSMAN und HENRICI (1943) zu den Bakterien gestellt, da der Durchmesser ihrer Hyphen und Sporen dem der echten Bakterien ähnlicher ist als dem der Pilze, manche ihrer Vertreter durch Zerfall ihrer Hyphen Oidien bilden, die in ihrer Gestalt und Größe stäbchenförmigen oder sphärischen Bakterien ähneln, manche Aktinomyzeten kein Luftmyzel bilden, andere säurefest (ähnlich den Mykobakterien) sind und ihnen allen ein echter Zellkern fehlt. Diese systematische Stellung der Strahlenpilze ist heute allgemein anerkannt.

In der jüngeren sowjetischen phytopathologischen Literatur werden zwei weitere Systeme benutzt.

GORLENKO (1966) schlug folgende Einteilung vor:

1. Familie: *Mycobacteriaceae* (CHESTER, 1901)
   unbewegliche Bakterien
   1. Gattung: *Corynebacterium* (LEHMANN und NEUMANN, 1896)
      Gram-positive Bakterien
   2. Gattung: *Aplanobacterium* (SMITH, 1905; TEŠIĆ, 1956)
      Gram-negative Bakterien

2. Familie: *Pseudomonadaceae* (WILSON et al., 1917)
   Bakterien mit polarer Begeißelung
   1. Gattung: *Pseudomonas* (MIGULA, 1900)
      farblose und fluoreszierende Bakterien
   2. Gattung: *Xanthomonas* (DOWSON, 1939)
      Bakterien mit gefärbten Kolonien

3. Familie: *Rhizobiaceae* (CONN, 1938)
   Gattung: *Rhizobium* (FRANK, 1889)

4. Familie: *Bacteriaceae* (CONN, 1872)
   bewegliche Bakterien mit peritricher Begeißelung, nicht sporenbildend
   1. Gattung: *Erwinia* (WINSLOW, 1920)
      farblose Formen, die keine Pektinase und Protopektinase bilden
   2. Gattung: *Pectobacterium* (WALDEE, 1945)
      farblose Formen, Pektinase und Protopektinase bildend
   3. Gattung: *Chromobacterium* (BERGONZINI, 1881)
      farbige Formen

5. Familie: *Bacillaceae* (FISCHER, 1895)
   bewegliche, sporenbildende Formen

1. Gattung: *Bacillus* (CONN, 1832)
   Bei der Sporenbildung verdicken sich die Zellen nicht oder nur wenig
2. Gattung: *Clostridium* (PRASNOWSKI, 1880)
   Bei der Sporenbildung verdicken sich die Zellen

Nach ISRAILSKI (1968) ergibt sich folgende systematische Einordnung der phytopathogenen Bakterien (Tab. 4):

Tabelle 4
System phytopathogener Bakterien nach ISRAILSKI

Charakteristische Eigenschaften		
unbewegliche, Gram-positive Formen	Familie:	*Corynebacteriaceae* (LEHMANN und NEUMANN, 1896)
	Gattung:	*Corynebacterium* (LEHMANN und NEUMANN, 1896)
	Gattung:	*Aplanobacterium* (TEŠIĆ, 1956)
beweglich, peritrich begeißelt, Gram-negativ	Familie:	*Enterobacteriaceae* (RANN, 1937)
	Gattung:	*Erwinia* (WINSLOW et al., 1917)
	Gattung:	*Pectobacterium* (WALDEE, 1945)
unbewegliche, Gram-negative Formen	Gattung:	*Shigella* (SHIGA, 1898; CASTELLANI und CHALMERS, 1919)
bewegliche, Gram-negative Formen	Familie:	*Rhizobiaceae* (CONN, 1938)
	Gattung:	*Rhizobium* (FRANK, 1889)
	Gattung:	*Agrobacterium* (CONN, 1942)

Insgesamt ist seit Ende des vorigen Jahrhunderts, als die ersten phytopathogenen Bakterien beschrieben wurden, eine große Zahl von Bakteriensystemen vorgeschlagen worden und je nachdem, welchen Ansichten sich die Autoren anschlossen, wurden die phytopathogenen Bakterien eingeordnet. Dementsprechend herrschte und herrscht bis heute eine große Uneinheitlichkeit in der Bezeichnung der phytopathogenen Bakterien. Da man auch gegenwärtig in der Literatur auf verschiedene Bezeichnungen stößt, sind in Tabelle 5 die Gattungsnamen

Tabelle 5

Zuordnung der Gattungsnamen phytopathogener Bakterien zu verschiedenen Bakteriensystemen

Autor	Bakterien				
	unbeweglich	beweglich mit polarer Begeißelung	beweglich mit peritricher Begeißelung	sporenbildende Formen	hyphenbildende Formen
MIGULA, 1900	*Bacterium*	*Pseudomonas*	*Bacillus*	–	–
LEHMANN und NEUMANN, 1896, 1927		*Bacterium*		*Bacillus*	–
SMITH, 1905	*Aplanobacter*	*Bacterium*	*Bacillus*	–	–
BERGEY, 1939		*Phytomonas*	*Bacillus*	–	–
DOWSON, 1939	–	*Pseudomonas* *Xanthomonas*	*Bacterium*	–	–
BERGEY, 1948	*Corynebacterium*	*Pseudomonas* *Xanthomonas* *Agrobacterium*	*Erwinia*	*Bacillus*	–
KRASSILNIKOW, 1949	*Mycobacterium* *Pseudobacterium*	*Pseudomonas*	*Bacterium*	*Bacillus*	*Actinomyces*

ELLIOTT, 1951	*Corynebacterium*	*Agrobacterium* *Pseudomonas* *Xanthomonas*	*Erwinia*	–	–
TEŠIĆ, 1956	*Corynebacterium* *Aplanobacterium*	*Pseudomonas* *Chromopseudomonas*	*Bacterium* *Chromobacterium*	–	–
BERGEY, 1957	*Corynebacterium*	*Pseudomonas* *Xanthomonas* *Agrobacterium*	*Erwinia*	*Bacillus*	*Streptomyces*
DOWSON, 1957	*Corynebacterium*	*Pseudomonas* *Xanthomonas*	*Pectobacterium* *Erwinia*	–	–
GORLENKO, 1966	*Corynebacterium* *Aplanobacterium*	*Pseudomonas* *Xanthomonas* *Rhizobium*	*Erwinia* *Pectobacterium* *Chromobacterium*	*Bacillus* *Clostridium*	–
BERGEY, 1974	*Corynebacterium*	*Pseudomonas* *Xanthomonas* *Agrobacterium*	*Erwinia*	*Bacillus*	*Streptomyces*

phytopathogener Bakterien den gebräuchlichsten, seit der Jahrhundertwende entstandenen Systemen zugeordnet.

Eine moderne, den natürlichen Verwandtschaftsverhältnissen nahekommende Bakteriensystematik wird erst auf molekular-biologischer Basis möglich sein.

So wird in letzter Zeit die DNS-Basenzusammensetzung und DNS-Hybridisation verstärkt zu taxonomischen Untersuchungen herangezogen. Die DNS von Individuen, Stämmen und Mutanten der gleichen Art besitzt stets sehr ähnlichen genetischen Informationsgehalt bzw. ähnliche Nukleotidsequenz und damit auch praktisch übereinstimmenden Guanin + Zytosin-Gehalt (GC-Gehalt), ausgedrückt in Mol-% der insgesamt vorhandenen Basen. Je enger die Individuen miteinander verwandt sind, um so mehr Abschnitte haben ihre DNS-Moleküle, in denen die Nukleotidsequenz identisch oder homolog ist.

Im folgenden seien einige GC-Gehalte bisher als selbständige Arten klassifizierter phytopathogener Bakterien angeführt:

	Mol-% GC-Gehalt
Pseudomonas marginalis	57,7–62,5
Pseudomonas phaseolicola	58,9–59,5
Pseudomonas tabaci	58,2
Pseudomonas coronafaciens	59,3
Pseudomonas lachrymans	59,3–59,4
Pseudomonas syringae	59,9
Pseudomonas mors-prunorum	59,3
Pseudomonas delphinii	59,9–60,0
Xanthomonas begoniae	67,1–67,4
Xanthomonas beticola	65,7
Xanthomonas campestris	68,2–68,5
Xanthomonas hyacinthi	68,5
Xanthomonas juglandis	66,3–66,7
Xanthomonas pelargonii	66,8–67,0
Xanthomonas phaseoli	66,0–67,8

	Mol-% GC-Gehalt
Xanthomonas pisi	68,5
Xanthomonas translucens	68,0
Agrobacterium tumefaciens	57,5–62,5
Agrobacterium rhizogenes	61,1–62,8
Erwinia amylovora	53,6–54,2
Erwinia aroideae	50 –54
Erwinia carotovora	50 –53,8
Erwinia tracheiphila	52 –52,7
Corynebacterium fascians	54,3
Corynebacterium michiganense	53,7

GC-Gehaltsuntersuchungen zeigen, daß Vertreter der Gattung *Pseudomonas* etwa 58–63%, *Xanthomonas* 64–69%, *Erwinia* und *Pectobacterium* 50–57%, *Agrobacterium* 57–63% und der Gattung *Corynebacterium* etwa 54–55% GC enthalten. Molekularbiologische Untersuchungen werden in Zukunft die gegenwärtig in der phytopathologischen Literatur übliche Arten-Einteilung der phytopathogenen Bakterien sicher korrigieren, wie das in der 8. Auflage des "Bergey" bereits geschehen ist. In diesem Buch werden daher die im "Bergey's Manual" verwendeten Bezeichnungen der phytopathogenen Bakterien benutzt.

Untersuchungen zur DNS-Homologie werden auch mehr Licht in die Verwandtschaftsbeziehungen und Evolution der Bakterien bringen, sowohl zwischen Arten und Gattungen als auch zwischen Saprophyten und Parasiten innerhalb ein und derselben Gattung, wobei letztere sicher enger sind, als das heute noch in der Literatur vertreten wird. Das folgende vereinfachte Schema macht beispielsweise die enge Verwandtschaft von Pseudomonaden und Xanthomonaden sichtbar, die auf der Grundlage der Hybridisation von DNS-Fragmenten der saprophytischen Fluoreszenten *P. fluorescens*, *P. putida* und des Erregers der Blattfleckigkeit der Pelargonie, *X. pelargonii*, ermittelt wurde, und soll die Richtung solcher taxonomischer Arbeiten verdeutlichen.

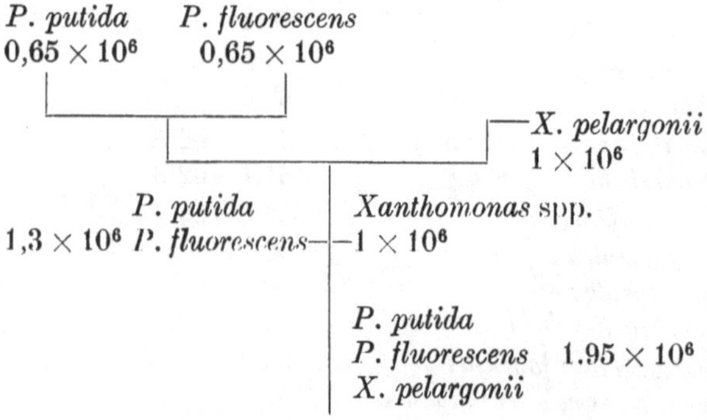

Dieses von Park und De Ley (1967) aufgestellte Schema zeigt die homologen und spezifischen Abschnitte in der DNS und die entsprechende Anzahl der Nukleotidpaare bei den drei untersuchten Arten. Etwa die Hälfte der DNS jedes Organismus hat die gleiche Nukleotidsequenz. Neben dem gemeinsamen DNS-Teil bei den Pseudomonaden und Xanthomonaden sind weitere 25% der DNS der Xanthomonaden gattungsspezifisch, deren Nukleotidabschnitt die entsprechende gattungsspezifischen Eigenschaften steuert, wie das gelbe Pigment, die Polysaccharidproduktion, Pathogenität u. a. Die restlichen 25% der DNS sind art- und rassenspezifisch. Die Molekulargewichte der drei Arten sind mit $2,4 \pm 0,4 \times 10^9$ Daltons/Nukleotid bemerkenswert ähnlich. Diese Ergebnisse lassen vermuten, daß die Pseudomonaden und Xanthomonaden eine gemeinsame Herkunft haben und der Xanthomonas-Stamm sich im Verlaufe der Evolution abgezweigt hat.

Die Objektivierung der Kriterien bei der Klassifizierung von Bakterien wird unter Nutzung der elektronischen Rechentechnik mit der numerischen Taxonomie angestrebt, die in den letzten Jahren Eingang in die Bakteriologie fand. Die Ähnlichkeit zwischen den Organismen wird durch Bestimmung ihrer "overall similarity (OS)" ermittelt, ausgedrückt als sogenannter S-Wert.

Wie bei jeder anderen Bakterienklassifikation werden die Organismen als Populationen beschrieben. Für jede dieser operativen taxonomischen Einheiten (OTE) wird eine bestimmte Anzahl (n) von Merkmalen als anwesend oder abwesend registriert. Dabei hat nach dem ADANSONschen Prinzip jedes Merkmal dasselbe Gewicht. Folglich hängt die Signifikanz des S-Wertes von der Zahl der einbezogenen Merkmale ab. Etwa 50 Merkmale werden als Minimum für die Bestimmung des S-Wertes angegeben. Dabei wird ein Querschnitt durch morphologische, physiologische, biochemische und andere Merkmale genutzt. Die OS wird zwischen den verschiedenen OTE in % von S nach der Formel

$$S = \frac{ns}{ns+nd}$$

errechnet, wobei ns die Anzahl der übereinstimmenden Merkmale und nd die Anzahl der abweichenden Merkmale ist. Stämme mit einem hohen S-Wert bilden ein natürliches Taxon oder Phänon. Es wird vorgeschlagen, daß ein Phänon mit einem S-Wert, der größer als 75% ist, als Art angesehen wird. Die so ermittelte Klassifikation bringt keine phylogenetischen Beziehungen zum Ausdruck, kann aber die Klassifizierung der Bakterien wesentlich objektivieren.

Sieht man von einigen umstrittenen Punkten ab, wie

Tabelle 6

Verteilung der phytopathogenen Bakterien auf die einzelnen Gattungen (verändert nach ELLIOTT, 1951)

Gattung	Anzahl der beschriebenen phytopathogenen Spezies bzw. Pathotypen
Pseudomonas	90
Xanthomonas	60
Agrobacterium	4
Erwinia	21
Corynebacterium	10
Streptomyces	5

beispielsweise der Pathogenität bestimmter Vertreter der Gattungen *Bacillus*, *Clostridium* oder *Shigella* für Pflanzen, so konzentrieren sich die bakteriellen Erreger von Pflanzenkrankheiten auf die Gattungen *Agrobacterium*, *Corynebacterium*, *Pseudomonas*, *Xanthomonas*, *Erwinia* und *Streptomyces* (Tab. 6).

Diese können in Anlehnung an die 8. Auflage (1974) von "BERGEY's Manual of Determinative Bacteriology" folgendermaßen charakterisiert werden:

1. *Pseudomonas* Migula 1894

Einfache Zellen, gerade oder gekrümmte Stäbchen, aber nie schraubig. Die Größe beträgt im allgemeinen 0,5—1 µm × 1,5—4 µm. Sie sind dank dem Vorhandensein einer oder mehrerer polar inserierter Geißeln beweglich. Kapseln fehlen. Dauerformen kommen nicht vor. Gram-negativ. Der Metabolismus ist ein respiratorischer, nie ein fermentativer. Einige sind fakultativ chemolithotroph, d. h. sie sind fähig, anorganische Substanzen, z. B. H_2 oder CO, als Energiequelle zu nutzen. Molekularer Sauerstoff ist der allgemeine Elektronenakzeptor, einige Vertreter können denitrifizieren, indem sie Nitrat als Elektronenakzeptor nutzen. Streng aerob, mit Ausnahme der Arten, welche die Denitrifikation als Mittel anaerober Atmung nutzen können. Sie geben positive Katalasereaktionen.

Wachstum erfolgt von 4—43 °C. Für die meisten Arten liegt das Optimum bei 30 °C. Alle Arten wachsen gut im neutralen oder alkalischen Bereich (pH 7,0—8,5), die meisten entwickeln sich nicht bei pH-Werten von 6,0 und darunter.

Der GC-Gehalt der DNS der untersuchten Arten variiert von 58—70 Mol-%.

Auf Grund von Besonderheiten im Metabolismus werden innerhalb der Gattung 4 Sektionen unterschieden, die alle phytopathogene Arten enthalten.

Die Typus-Spezies dieser Gattung, deren Vertreter saprophytisch im Wasser und in der Erde leben oder tier-

und pflanzenpathogen sind, ist *Pseudomonas aeruginosa* (Schroeter) Migula 1900. Als Vertreter pflanzenpathogener Bakterien dieser Gattung, die parenchymatische, systemische oder hyperplastische Krankheiten verursachen, sei *Pseudomonas syringae* van Hall 1902 genannt, von der viele Pathotypen vorkommen, wie beispielsweise die „Eckige Blattflecken"-Krankheit der Gurke (Pathotyp *P. lachrymans*), die Fettfleckenkrankheit der Bohne (Pathotyp *P. phaseolicola*), das Wildfeuer des Tabaks (Pathotyp *P. tabaci*) und Rindennekrosen bei Stein- und Kernobst verursachen.

Weiter seien genannt *Pseudomonas caryophylli* (Burkholder) Starr und Burkholder 1942, der Erreger einer Welkekrankheit und Wurzelfäule der Nelken, *Pseudomonas marginata* (McCulloch) Stapp 1928, der Erreger des Lackschorfs der Gladiole, und *Pseudomonas solanacearum* (Smith) Smith 1914, der Erreger der Schleimkrankheit der Kartoffel.

2. *Xanthomonas* Dowson 1939

Einfache Zellen, gerade Stäbchen. Die Größe beträgt 0,2–0,8 × 0,6–2,0 µm, gewöhnlich ca. 0,4 × 1,0 µm. Sie sind dank einer polaren Geißel beweglich, Kapseln werden nicht gebildet, ebenfalls keine Dauerformen. Gramnegativ. Auf Agar wird gewöhnlich ein gelbes, nichtwasserlösliches Pigment gebildet.

Der Metabolismus ist ein respiratorischer, nie ein fermentativer. Molekularer Sauerstoff ist der Elektronenakzeptor. Oxidasereaktionen sind negativ oder schwach, Katalasereaktionen sind positiv.

In schwach gepufferten Medien wird Säure aus vielen Kohlenhydraten in geringen Mengen produziert, aber nie aus Rhamnose, Inulin, Adonit, Dulzit, Inosit oder Salizin und selten aus Sorbit. In Milch wird keine Säure gebildet. Azetat, Zitrat, Malat, Propionat und Succinat werden genutzt, aber im allgemeinen nicht Benzoat, Oxalat oder Tartrat. Die meisten Arten bauen Stärke und Tween 80 schnell ab.

Nitrate werden nicht reduziert. H_2S wird aus Zystein und von den meisten Arten aus Thiosulfat und Pepton gebildet. Azetoin und Indol werden nicht gebildet, Kaliumhippurat wird nicht hydrolysiert. Zum Wachstum werden gewöhnlich Methionin, Glutaminsäure und Nikotinsäure in verschiedenen Kombinationen benötigt. Asparagin wird nicht als C- und N-Quelle genutzt. Das Wachstum auf Nähragar wird durch 0,1% und gewöhnlich schon durch 0,02% Triphenyltetrazoliumchlorid inhibiert. Die Vertreter dieser Gattung sind streng aerob.

Das Temperaturoptimum beträgt 25–27 °C, bei 5 °C wird kein Wachstum festgestellt, die meisten wachsen ab 7 °C, aber einige Arten sind unfähig, bei Temperaturen unter 9 °C zu wachsen. Bei 40 °C ist kein Wachstum mehr nachweisbar. Der GC-Gehalt der DNS von 29 Nomenspezies der *Xanthomonas campestris*-Gruppe liegt bei 63,5–69,2 Mol-%.

Die Typusart dieser Gattung, deren Vertreter parenchymatische, Gefäß- und systemische Pflanzenkrankheiten verursachen, ist *Xanthomonas campestris* (Pammel) Dowson 1939, der Erreger der Adernschwärze des Kohls. Viele andere Erreger von Pflanzenkrankheiten aus dieser Gruppe können mit Sicherheit nur auf der Grundlage der Wirtsreaktion von *X. campestris* unterschieden werden. Hierzu zählen der Erreger der Hyazinthen-Gelbfäule (*X. hyacinthi* (Wakker) Dowson 1939), der Erreger des bakteriellen Walnußbrandes (*X. juglandis* (Pierce) Dowson 1939) sowie die Erreger der Blattfleckenkrankheit von Begonien (*X. begoniae* (Takimoto) Dowson 1939) und Pelargonien (*X. pelargonii* (Brown) Starr und Burkholder 1942).

3. *Agrobacterium* Conn 1942

Stäbchen von 0,8 × 1,5–3,0 µm Größe. Durch das Vorhandensein von 1–4 peritrichen Geißeln ist das Bakterium beweglich. Ist nur eine Geißel vorhanden, ist lateraler Ansatz häufiger als polarer. Sporen werden nicht gebildet. Gram-negativ. Fimbrien sind allgemein vorhanden. Die Kultur auf Kohlenhydrat-haltigen Medien ist gewöhnlich von reichlicher Bildung Polysaccharidhaltigen Schleims begleitet. Die Kolonien sind nicht gefärbt und gewöhnlich glatt, aber auch rauhe Kolonien treten bei vielen Stämmen auf.

Der Metabolismus ist ein respirativer. Molekularer Sauerstoff ist der terminale Elektronenakzeptor. *A. tumefaciens* und *A. radiobacter* produzieren auf Laktose-haltigem Medium gewöhnlich 3-Ketolaktose. Gelatine wird langsam oder gar nicht verflüssigt. Kasein wird nicht hydrolysiert. Eine große Zahl von einfachen Kohlenhydraten, organischen Säuren und Aminosäuren werden als Energiequelle genutzt, aber nicht Zellulose, Stärke, Agar oder Chitin. Im allgemeinen wird H_2S auf Wismutsulfit-Agar gebildet. Schnelles Wachstum erfolgt auf Fleischextrakt- oder Hefeextraktpepton-Nährboden. Ammoniumsalze, Nitrate und einige Aminosäuren dienen als einzige N-Quellen für einige Arten; andere fordern Aminosäuren mit zusätzlichen Wuchsstoffen. Die Oxidasereaktion ist normalerweise positiv. Gewöhnlich aerob, aber fähig, unter verringertem Sauerstoffdruck im Pflanzengewebe zu wachsen.

Das Temperaturoptimum liegt bei 25—30 °C, Wachstum erfolgt bei einem pH-Wert von 4,3—12,0, sein Optimum liegt bei 6,0—9,0.

Mit Ausnahme von *A. radiobacter* initiieren die Vertreter dieser Gattung Sproßhypertrophien an verschiedenen Pflanzen, in denen die Bakterien als interzelluläre Parasiten auftreten. Die Bakterien dringen in das Wirtsgewebe durch vorhandene Wunden ein; unverletztes Wirtsgewebe kann nicht befallen werden. Die Wirtsspezialisierung ist nicht scharf ausgeprägt. Gewebepunktur-Inokulationstests sind wichtig zur Stammidentifizierung. Der GC-Gehalt der DNS liegt bei 59,6—62,8 Mol-%.

Die Typusart dieser Gattung ist *Agrobacterium tumefaciens* (Smith und Townsend) Conn 1942, der Erreger des Wurzelkropfes der Obstgehölze und Rüben.

4. *Erwinia* Winslow, Broadhurst, Buchanan, Krumwiede, Rogers und Smith 1920

Die Zellen sind überwiegend einfache, gerade Stäbchen, 0,5—1,0 × 1,0—3,0 μm groß. Beweglich (eine Ausnahme) dank peritricher Begeißelung. Gram-negativ.

Säure wird aus Fruktose, Glukose, Galaktose, β-Methylglukosid und Saccharose gebildet, gewöhnlich auch aus Mannose und Ribose, seltener aus Adonit, Dulzit oder Melezitose. Azetat, Fumarat, Glukonat, Malat und Succinat werden als C- und Energiequellen genutzt, aber nicht Benzoat, Oxalat und Propionat. Gas wird schwach oder gar nicht gebildet. Endprodukte der Fermentation von Glukose sind CO_2 und verschiedene Kombinationen von Succinat, Laktat, Format und Azetat, einige Formen produzieren 2,3—Butandiol und einige Äthanol. Stärke wird nur bis zu Dextrinen hydrolysiert. Glutaminsäure kann nicht dekarboxyliert werden. Seltener kommen Urease oder Lipasen vor.

Für das Wachstum liegt das Temperaturoptimum bei 27—30 °C, das Maximum variiert von 32—40 °C.

Fakultativ anaerob, aber auch unter anaeroben Bedingungen wachsen einige Arten schwach. Die Oxidasereaktion ist negativ, die Katalasereaktion positiv.

Die Vertreter dieser Gattung sind als Parasiten, Saprophyten oder als Bestandteile der epiphytischen Flora mit Pflanzen verbunden. Eine Art ist auch aus einem menschlichen und tierischen Wirt isoliert worden.

Der GC-Gehalt der DNS beträgt 50—58 Mol-%.

Die Typusart dieser Gattung ist *Erwinia amylovora* (Burrill) Winslow, Broadhurst, Buchanan, Krumwiede, Rogers und Smith 1920, der Erreger des Feuerbrandes der Obstgehölze. Über die taxonomische Stellung der in diese Gattung einbezogenen Arten gibt es noch keine volle Klarheit. Auf Grund der taxonomischen Heterogenität der hier einbezogenen Arten wurden vorläufig drei Gruppen innerhalb der Gattung gebildet:
die A m y l o v o r a - Gruppe, die H e r b i c o l a - Gruppe und

die Carotovora-Gruppe. Phytopathogene Bakterien finden sich in allen drei Gruppen.

Aus der Amylovora-Gruppe sei neben *E. amylovora* noch *Erwinia tracheiphila* (Smith) Bergey, Harrison, Breed, Hammer und Huntoon 1923, der Erreger einer Welkekrankheit der Cucurbitaceen, genannt.

Der Herbicola-Gruppe gehört beispielsweise *Erwinia stewartii* (Smith) Dye 1963, der Erreger der bakteriellen Maiswelke an, und aus der Carotovora-Gruppe seien *Erwinia carotovora* (Jones) Bergey, Harrison, Breed, Hammer und Huntoon 1929, der Erreger von Naß- oder Weichfäulen von Speichergeweben bei einer großen Zahl von Wirtspflanzen, sowie *Erwinia chrysanthemi* Burkholder, McFadden und Dimock 1953, der Erreger einer Fußkrankeit von Chrysanthemen, genannt.

Die phytopathogenen Bakterien aus dieser Gattung können Nekrosen, Gallen und Welkeerscheinungen sowie typische Naß- oder Weichfäulen verursachen, die den parenchymatischen, Gefäß- und hyperplastischen Krankheitstypen zuzuordnen sind.

5. *Corynebacterium* Lehmann und Neumann 1896

Da sich die pflanzenpathogenen Corynebakterien in einer Reihe von Eigenschaften (Zellwandzusammensetzung, Beweglichkeit, GC-Gehalt) von den menschen- und tierpathogenen sowie apathogenen Arten unterscheiden, wurde die Gattung in 3 Sektionen unterteilt:

I. Menschen- und tierpathogene Corynebakterien
II. Pflanzenpathogene Corynebakterien
III. Apathogene Corynebakterien

Die pflanzenpathogenen Corynebakterien zeichnen sich durch folgende Eigenschaften aus:

Gerade oder leicht gekrümmte Gram-positive Stäbchen mit unregelmäßig gefärbten Segmenten und Granula. Häufig zeigen sie keulenförmige Anschwellungen. Durch ungleichmäßige Teilungen treten häufig winklige oder palisadenartige Lagerungen der Zellen auf. Pleomorphie ist im Gegensatz zur Gruppe der menschen- und tierpathogenen Corynebakterien gering ausgebildet. Sie färben sich ungleichmäßig. Auf glyzerinhaltigen Nährböden treten Fetteinschlüsse auf, die mit Sudan-Schwarz B nachgewiesen werden können. Stärke wird nicht intrazellulär gespeichert. Einige Arten sind beweglich. Stärkehydrolyse ist schwach oder fehlt.

Nitrate werden nicht reduziert, Milch nicht koaguliert. Die Indol-, die M.R.-[1]) und die V.P.-[2])Reaktionen sind negativ. H_2S und Urease werden selten gebildet. Die untersuchten Stämme waren empfindlich gegenüber Triphenyltetrazoliumchlorid. Organische Wuchsstoffe werden benötigt. Streng aerob. Der GC-Gehalt der DNS beträgt etwa 65—75 Mol-%.

Die pflanzenpathogenen Corynebakterien werden auf Grund ihrer serologischen Verwandtschaft, der Aminosäurenzusammensetzung ihrer Zellwand und ihrer minimalen Ernährungsansprüche in 5 Gruppen eingeteilt. In die Gruppe 1 ist *Corynebacterium fascians* (Tilford) Dowson 1942, Erreger der Verbänderung bei Chrysanthemen und anderen Pflanzen, gestellt. Zur Gruppe 2 gehören u. a. *Corynebacterium rathayi* (Smith) Dowson 1942, Erreger einer Knaulgrasbakteriose und *Corynebacterium tritici* (Hutchinson) Burkholder 1948, Erreger der Gelbschleimigkeit bei Weizen. Die Gruppe 3 wird durch *Corynebacterium sepedonicum* (Spieckermann and Kotthoff) Skaptason und Burkholder 1942, den Erreger der Ringfäule der Kartoffel, repräsentiert. Zur Gruppe 4 gehören *Corynebacterium insidiosum* (McCulloch) Jensen 1934, Erreger einer bakteriellen Luzernewelke, und *Corynebacterium michiganense* (Smith) Jensen 1934, der Erreger der Bakterienwelke der Tomate. Aus der Gruppe 5 sei *Corynebacterium flaccumfaciens* (Hedges) Dowson 1942, Erreger einer bakteriellen Welkekrankheit der Bohnen, genannt.

---

[1]) Methylrot.

[2]) Voges-Proskauer (Azetylmethylkarbinol- bzw. Azetoin-Bildung).

Durch die Vertreter dieser Gattung werden Gefäß-, systemische und hyperplastische Pflanzenkrankheiten verursacht.

6. *Streptomyces* Waksman und Henrici 1943

Die schlanken, zoenozytischen Hyphen haben einen Durchmesser von 0,2—2,0 µm. Das reife Luftmyzel bildet Ketten von drei bis zu vielen Sporen, die einen Durchmesser von 0,5—2,0 µm haben. Die Zellwand enthält L-Diaminopimelinsäure und nicht leicht feststellbare Arabinose. Gram-positiv.

Die Kolonien sind klein (1—10 mm Durchmesser), von ledriger oder fettiger Konsistenz. Anfangs haben die Kolonien eine relativ glatte Oberfläche, später bildet sich ein Luftmyzel, das granulär, pulvrig, samtartig oder flockig erscheinen kann. Ein weites Spektrum von Pigmenten wird gebildet, die das vegetative Myzel, das Luftmyzel und das Substrat färben. Zahlreiche Vertreter dieser Gattung produzieren ein oder mehrere Antibiotika. Viele Stämme sind empfindlich gegenüber antibakteriellen Agenzien (Antibiotika und synthetische Verbindungen) und Aktinophagen.

Oxidativ sehr aktiv, Säuren werden im allgemeinen in Fermentationstests nicht festgestellt.

Glukose wird von allen untersuchten Arten zum Wachstum genutzt. Im allgemeinen können die *Streptomyces* spp. eine oder alle der folgenden Substanzen hydrolysieren: Gelatine, Kasein, Stärke. Nitrate werden zu Nitriten reduziert. Aerob.

Das Temperaturoptimum beträgt 25—35 °C.

Der optimale pH-Wert liegt bei 6,5—8,0.

Arten von *Streptomyces* können Synnemata-ähnliche, sklerotische oder pyknidiale Strukturen bilden. Hybridisierung von Wildtyp-Stämmen wurde nicht festgestellt, aber bestimmte auxotrophe Mutanten-Stämme konnten zur Hybridisierung induziert werden. Heterokaryotie tritt auf.

Die Typusart dieser Gattung ist *Streptomyces albus* (Rossi Doria) Waksman und Henrici 1943.

Von phytopathologischer Bedeutung sind die Erreger des Kartoffel- und Rübenschorfes, *Streptomyces scabies* (Thaxter) Waksman und Henrici 1948 und des Batatenschorfs, *Streptomyces ipomoea* (Person und Martin) Waksman und Henrici 1948.

2. Krankheitssymptome

Im vorangegangenen Kapitel wurde deutlich, daß nur eine geringe Anzahl von Bakterienarten für Pflanzen pathogen ist. Ihre wichtigste Besonderheit, die sie eindeutig von anderen Arten abgrenzt, ist die Fähigkeit, in gesunde Pflanzen einzudringen, sie zu infizieren. Während das Eindringen in die Pflanze von der Aggressivität des Erregers bestimmt wird, ist das Ausmaß der Erkrankung von seiner Pathogenität abhängig. Diese Pathogen-Wirt-Beziehung führt in der Regel zum sichtbaren Ausbruch der Krankheit. Es ist aber auch möglich, daß die Pflanze den Krankheitserreger beherbergt ohne Symptome zu zeigen; in diesem Falle sprechen wir von einer Latenz.

Im folgenden soll jedoch vorausgesetzt werden, daß die Pflanze erkrankt. Sichtbare Kennzeichen dieser Erkrankung sind Veränderungen des normalen Bildes der gesunden Pflanze und ihrer Organe. Diese, für die Pathogen-Wirt-Beziehung charakteristischen Veränderungen bezeichnen wir als Krankheitssymptome.

Nicht immer haben sie gleich ihr typisches Gepräge, vielmehr ist diese die Krankheit charakterisierende Abnormität erst das Endstadium einer „Symptomentwicklung". Biochemische oder physiologische Prozesse im Zellularbereich und makroskopisch nicht erkennbare histologische Veränderungen sind vielfach Vorstufen des später äußerlich erkennbaren Krankheitsbildes. Wir haben also zwischen Primär- und Folgesymptomen zu unterscheiden. Umweltfaktoren beeinflussen diesen Prozeß ebenso wie der Allgemeinzustand der Pflanze.

Oft wird zwischen typischen und atypischen Symptomen unterschieden. Von typischen Krankheitssymptomen wird dann gesprochen, wenn das Pathogen auf seiner „Hauptwirtspflanze“ bei „normalem“ Krankheitsverlauf charakteristische Symptome auslöst. So z. B. *Corynebacterium sepedonicum* die Ringfäule der Kartoffelknolle (Abb. 11); *Erwinia amylovora* auf

Abb. 11. Verfärbung und Verschleimen der Gefäßbündelzone von Kartoffelknollen bei Befall durch *Corynebacterium sepedonicum*

jungen Crataegus- oder Birnentrieben die Krümmung der Triebspitze und bei feuchter Witterung das Heraustreten von Bakterienexsudat (Abb. 12) und *Agrobacterium tumefaciens* die Wurzelgallen an Rosaceen (Abb. 13). Atypisch können die Symptome aus verschiedenen Gründen werden: so kann art- und sortenspezifische Resistenz nach Infektionen mit dem gleichen Krankheitserreger differenzierte Reaktionen im Wirt auslösen. Einige Beispiele mögen dies deutlich machen: *Corynebacterium michiganense*, der Erreger der bakteriellen Tomatenwelke, ruft bei zahlreichen Sorten unserer Kul-

Abb. 12. Bakterienexsudat an *Crataegus* bei Befall mit *Erwinia amylovora*

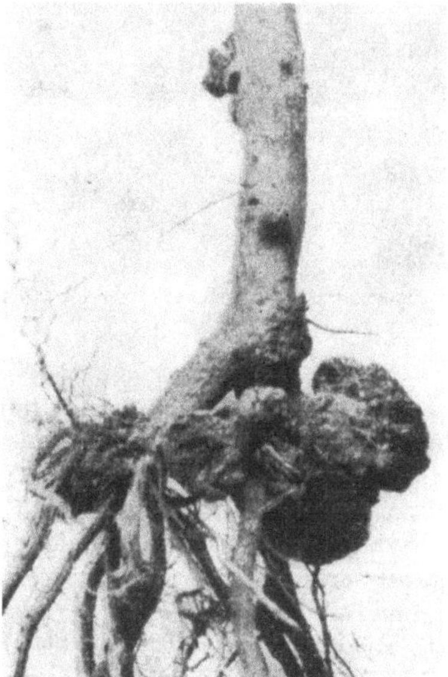

Abb. 13. Wurzelkropf an Apfel durch *Agrobacterium tumefaciens* (nach KOTTE)

turtomate eine Welke hervor, die nach einiger Zeit die ganze Pflanze erfaßt (Abb. 14). Der charakteristische Krankheitsverlauf dieser Tracheobakteriose beginnt mit dem Welken einzelner Blattfiedern. Dann verlieren ganze Blätter und schließlich die gesamte Pflanze ihre Turgeszenz. Die Gefäße zeigen im Querschnitt Verbräunungen. Dieses Krankheitsbild gilt als „typisch“. Dies trifft jedoch nicht für alle *Solanum*-Arten oder alle Wirte zu, die *Corynebacterium michiganense* infiziert. Bei *Solanum pimpinellifolium* erkranken z. B. nur wenige Fiederblätter. Infektionen an *Cyphomandra betaceae* führen nur zu lokalen Verbräunungen der Gefäßbündel.

Wenn mehrere Pathogene verschiedener Arten gleichzeitig oder aufeinanderfolgend denselben Wirt infizieren, kann es zu synergistischen Effekten kommen. Das Krankheitssymptom kann frühzeitiger entstehen, d. h.

Abb. 14. Durch *Corynebacterium michiganense* verursachte Bakterielle Welkekrankheit der Tomate

die Inkubationsphase wird verkürzt. Häufiger entstehen jedoch bei Infektion durch verschiedene Pathogene atypische Symptome, die die Diagnose erschweren. Das ist z. B. der Fall, wenn die Kartoffelknolle gleichzeitig durch *Erwinia carotovora* var. *atroseptica* und *Fusarium* spec. infiziert wird (Abb. 15).

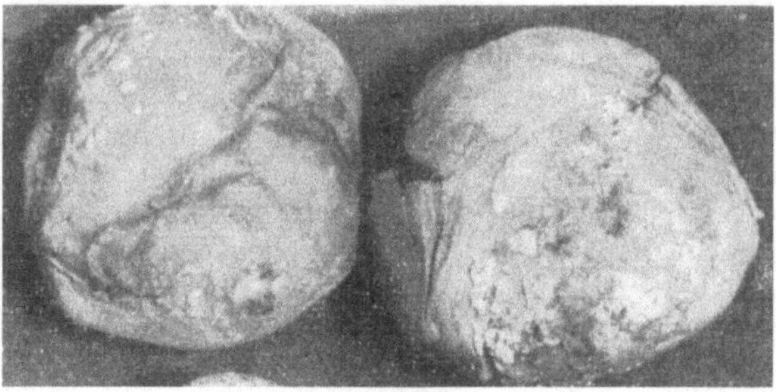

Abb. 15. **Erscheinungsbild einer Mischinfektion von Kartoffelknollen durch** ***Erwinia carotovora*** var. ***atroseptica*** und ***Fusarium*** spec. (Aufnahme: STACHEWICZ)

Eine andere Reaktion tritt dagegen bei gleichzeitiger Infektion von *Erwinia amylovora* und *E. herbicola* an Birne ein. *E. herbicola* wirkt antagonistisch gegenüber dem Erreger des Feuerbrandes, die Krankheitssymptome bleiben aus oder sind schwächer als nach alleiniger Infektion durch *E. amylovora*. Ungünstige Witterungsfaktoren können die „Symptomentwicklung" stoppen (Trockenheit) oder besonders fördern (hohe Feuchtigkeit). Hohe Erregerkonzentrationen sind in der Lage, auch auf normalerweise nicht anfälligen Pflanzenarten eine Erkrankung auszulösen.

Diese Beispiele mögen deutlich machen, daß das Krankheitssymptom allein in der Regel nicht ausreicht, um auf den Krankheitserreger zu schließen. Dies um so mehr nicht, als mitunter Pilze, Viren und tierische Schaderreger bei der gleichen Pflanzenart ähnliche Symptome hervorrufen können (s. Kap. 13, Spezieller Teil).

An dieser Stelle soll die mögliche Vielfalt der Symptomentstehung auf die in diesem Buch behandelten Bakteriosen eingegrenzt werden. Dabei haben wir immer das Krankheitssymptom als Ausdruck eines Wechselverhältnisses zwischen Krankheitserreger und Wirtspflanze zu verstehen.

Als Folge dieser Wirt-Parasitbeziehung sind die hauptsächlichsten, bakteriell bedingten Krankheitserscheinungen:

Nekrosen
Welken
Fäulen
Chlorosen sowie
Gewebeanomalien.

Unter einer Nekrose verstehen wir einen lokalen Zell- oder Gewebetod, der größere Gewebebereiche erfassen kann und oft durch Ausscheidung von toxischen Stoffwechsel- und Zerfallsprodukten eingeleitet wird. Nekrotisierte Bereiche sind meist braun oder schwarz verfärbt. Oft durch den Habitus der Wirtspflanze geformt, haben sie häufig ein für die Krankheit typisches Erscheinungsbild. So wird z. B. die Nekrose der „Eckigen Blattflecken"-krankheit der Gurke (*Pseudomonas syringae*/Pathotyp *P. lachrymans*) durch die feinen Adern der Blattspreite begrenzt (Abb. 16). Dieses Symptom hat auch der Krankheit den Namen gegeben. Dabei darf nicht übersehen werden, daß neben dem „Typus-Symptom" chlorotische und nekrotische Veränderungen der Frucht ökonomisch weit größere Bedeutung haben. Die nekrotisierten Bereiche auf dem Gurkenblatt bleiben bei feuchtem Wetter bis zum Absterben der Pflanze erhalten, bei trockenem Wetter fallen die nekrotisierten Gewebeteile heraus, so daß die Blätter durchlöchert erscheinen. Auch die durch *Pseudomonas syringae* an Blättern der Süßkirsche verursachten Nekrosen werden später meist abgestoßen (Abb. 17). Man bezeichnet das so entstehende Erscheinungsbild als „Schrotschußeffekt".

Abb. 16. Von *Pseudomonas syringae* / Pathotyp *P. lachrymans* auf Gurkenblättern hervorgerufene Nekrosen

Abb. 17. Nekrotische Blattflecken an Sauerkirsche durch Infektion mit *Pseudomonas syringae*

Die durch das gleiche Bakterium an Apfel ausgelösten Rindennekrosen können, wenn sie den Zweig umgürten, zum Absterben der darüber liegenden Zweigpartie führen (Abb. 18). Nekrotische Gewebe- oder Organveränderun-

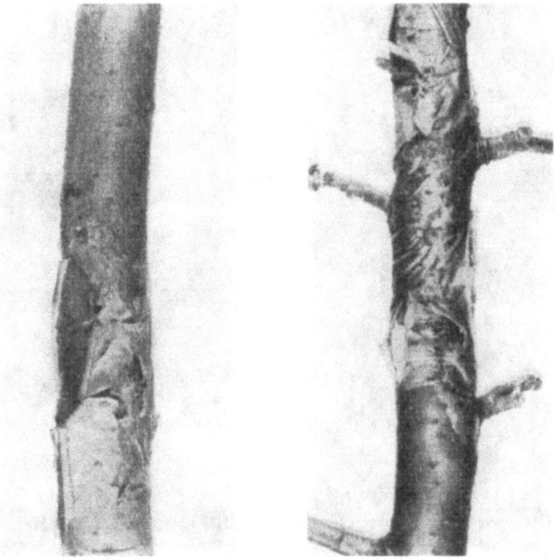

Abb. 18. Rindennekrosen an Apfel (a: Sorte „Breuhahn", b: Sorte „Boskoop") durch Befall mit *Pseudomonas syringae*

gen können auf allen oberirdischen Teilen der Pflanze entstehen. Beispiele dafür sind die Blüteninfektion durch *Erwinia amylovora* auf der Birne (Abb. 19) und die Nekrosen auf der Hülse der Gartenbohne durch *Pseudomonas syringae*/Pathotyp *P. phaseolicola*. Charakteristisch für sie ist lokaler Zelltod. Dies ist indirekt z. B. durch Toxineinwirkung, durch direkte Zellbesiedlung (intrazellulär) oder enzymatisch möglich.

Unter Welken sind pathologische, auf Turgorverlust beruhende Veränderungen des Gewebezustandes von Organteilen oder der ganzen Pflanze zu verstehen.

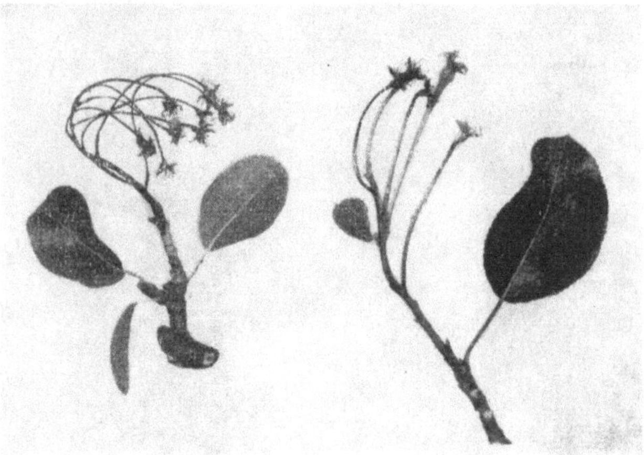

Abb. 19. Blüteninfektion durch *Erwinia amylovora* an Birne

Die bakteriellen Welken sind meist Folgen von Gefäßbesiedlungen durch den Erreger. Die starke Vermehrung der Bakterien, insbesondere im Xylem, führt zur Verstopfung der Gefäßbündel. Dadurch werden die entsprechenden Sproßabschnitte nicht mehr hinreichend mit Wasser versorgt und welken. So ist auch zu verstehen, daß z. B. die bakterielle Tomatenwelke (*Corynebacterium michiganense*) zunächst nur an einzelnen Blättern auftritt, später einzelne Pflanzenteile erfaßt, bis schließlich die ganze Pflanze welkt (s. Abb. 14). Der Erreger breitet sich meist mit großer Geschwindigkeit in der Pflanze aus. Dies machten für *C. michiganense* Pine und Mitarbeiter deutlich (Abb. 20). Welken können nicht nur direkt durch die Bakterien selbst, sondern auch durch Bakterientoxine verursacht werden. Das trifft beispielsweise für Stämme von *Agrobacterium tumefaciens* auf Tomate und Pelargonie zu.

Ein in der Folge bakterieller Infektion häufig auftretendes Krankheitssymptom ist die Fäule.

Typische Fäuleerreger sind die beiden Varietäten von *Erwinia carotovora*, die Naßfäulen bei Kartoffeln, Möhren, Kohl u. a. Pflanzenarten hervorrufen. Entscheidend dafür ist die Fähigkeit des Pathogens, Pektinasen freizusetzen. Diese lösen besonders in Speichergeweben die

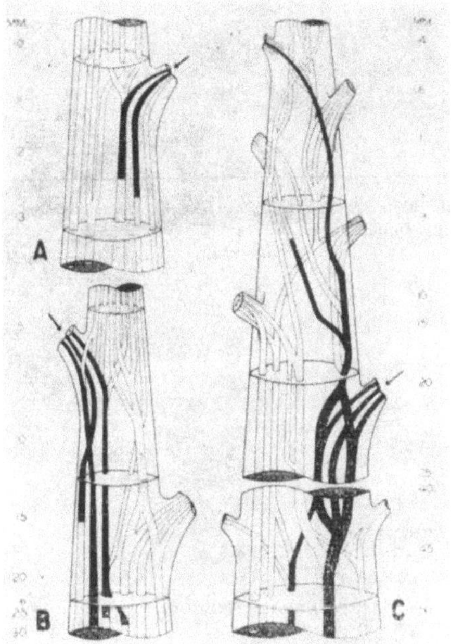

Abb. 20. Ausbreitungsweg und -geschwindigkeit von *Corynebacterium michiganense* in jungen Tomatenpflanzen nach künstlicher Infektion am Blattstielgrund (s. Pfeile!)
A) 15 Min. B) 1 Tag, C) 5 Tage nach der Inokulation
Die Bakterien enthaltenden primären Gefäßbündelpartien sind schwarz gezeichnet (nach Pine, Grogan und Hewitt aus Stapp)

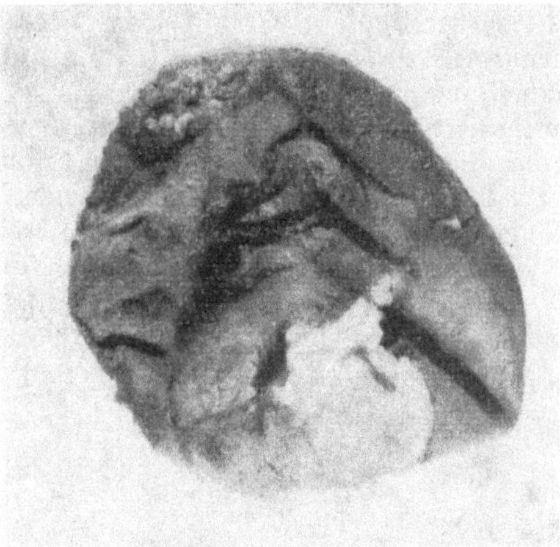

Abb. 21. Durch *Erwinia carotovora* var. *atroseptica* hervorgerufene Knollennaßfäule der Kartoffel

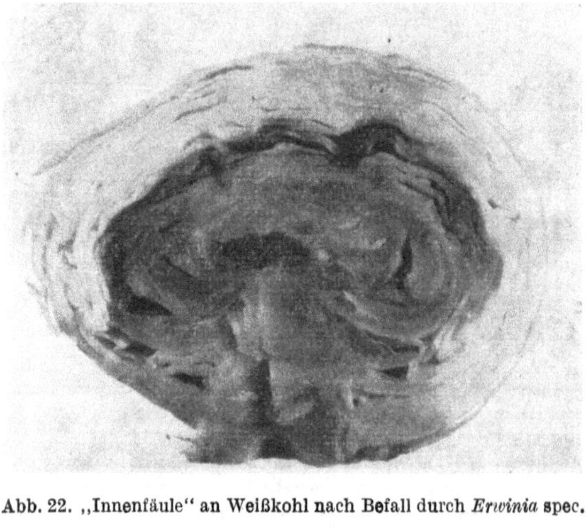

Abb. 22. „Innenfäule" an Weißkohl nach Befall durch *Erwinia* spec.

Mittellamellen auf. Dadurch kommt es zur Desorganisation des Zellverbandes. Derart erkrankte Kartoffelknollen fallen in sich zusammen. Nur die Schale schützt noch für einige Zeit die breiig faulige Zellmasse (Abb. 21).

Ähnliche Prozesse laufen an oberirdischen Pflanzenteilen nach Infektion durch *E. carotovora* var. *atroseptica* ab. Mitunter erkranken nur Teile der Pflanze, wie es z. B. bei Kopfkohl nicht selten der Fall ist (Abb. 22).

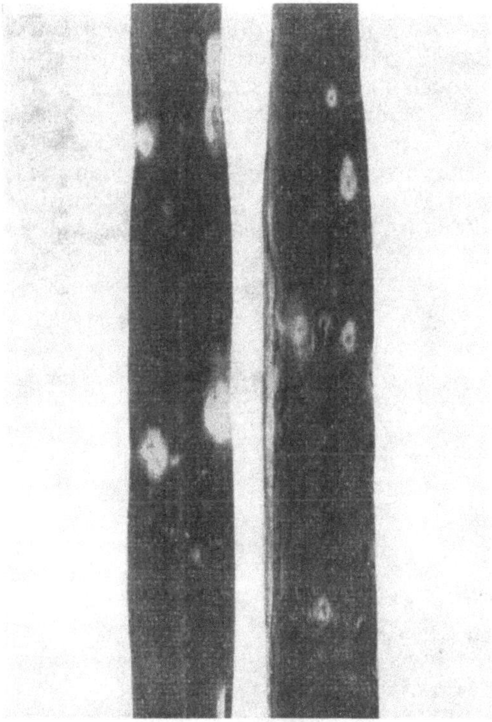

Abb. 23. „Halo blight" an Hafer infolge Befalls durch *Pseudomonas syringae*/ Pathotyp *P. coronafaciens*

Bakterielle Fäulen sind unter unseren Bedingungen vor allem bei Kartoffeln, Kohl und Möhren häufig, die besonders dann gefährdet sind, wenn sie unsachgemäß gelagert werden. Enterobakteriaceen sind dabei am häufigsten als Erreger beteiligt. Begünstigend wirkt ihre Fähigkeit, fakultativ anaerob zu leben.

Chlorosen treten bei bakteriellen Infektionen oft im frühen Erkrankungsstadium oder zusammen mit nekrotischen Gewebeveränderungen auf. So entstehen auf Getreideblättern um den Infektionsherd chlorophyllarme Zonen, charakteristische Zeichen z. B. einer Infektion mit *Pseudomonas syringae*/Pathotyp *P. coronafaciens* (Abb. 23). Häufig gehen chlorotische und nekrotische Bezirke ineinander über. Chlorosen können jedoch auch durch Toxine hervorgerufen werden. So produziert *Pseudomonas syringae*/Pathotyp *P. tabaci* ein Toxin, das um den Infektionsherd herum einen breiten chlorotischen Hof verursacht. Das Chlorophyll wird zerstört. Diese chlorotische Zone ist frei von Bakterienzellen (Abb. 24).

Abb. 24. Blattchlorosen nach künstlicher Infektion eines Bohnenblattes mit *Pseudomonas syringae*/Pathotyp *P. tabaci* (aus STAPP)

Gewebeanomalien als Folgen bakterieller Infektionen treten seltener auf. Zu den bedeutsamsten zählen der Wurzelkropf, Hypertrophien im Bereich der Wurzel durch *Agrobacterium tumefaciens* (s. Abb. 13) sowie Hypertrophien durch *A. rhizogenes*. Sie können jedoch auch an krautigen Pflanzen oberirdisch induziert werden. Hypertrophien entstehen auch beim Buckelschorf der Kartoffel nach Infektion mit *Streptomyces scabies* oder z. B. durch *Corynebacterium fascians*.

Für einige Bakteriosen sind Absonderungen von Bakterienexsudat charakteristisch. Dies tritt meist bei hoher Luftfeuchte auf, so z. B. bei *Erwinia amylovora*, dem Erreger des Feuerbrandes des Kernobstes, der Fettfleckenkrankheit der Gartenbohne (*Pseudomonas syringae*/Pathotyp *P. phaseolicola*), *Pseudomonas syringae* auf Steinobst und bei *Pseudomonas syringae*/Pathotyp *P. lachrymans* bei der Gurke.

Anzeichen einer Bakterieninfektion sind oft auch Kümmerwuchs oder anomale Blatt- und Sproßentwicklung. Bei Kopfkohl kommt es nach Infektionen durch *Xanthomonas campestris* zu unvollständigen Kopfbildungen.

Äußerlich nicht sichtbar und schwer meßbar sind Störungen im Chemismus der Zellen, die als Begleiterscheinungen der Erkrankung eintreten.

Durch *Agrobacterium tumefaciens* wird z. B. der Wuchsstoffgehalt im Gewebe gesteigert, die enzymatische Aktivität nimmt zu: in Tomatenstengeltumoren beispielsweise bei Katalasen um 160%, Oxidasen um 130% und bei Peroxidasen um 120%. Tumorgewebe enthält ferner Tyrosinase, die dem gesunden Gewebe fehlt. Diese Werte schwanken bei den einzelnen Wirtsarten. Sie liegen z. B. bei der Rübe allgemein höher. Der pH-Wert ist im Tumorgewebe zum alkalischen verschoben.

Dieser Überblick mag deutlich gemacht haben, daß das Krankheitssymptom ein sehr charakteristisches Merkmal für das jeweilige Pathogen-Wirt-Verhältnis ist. Es ist aber auch eine beeinflußbare Größe, weshalb zur

Diagnose einer Erkrankung stets mehrere Faktoren berücksichtigt werden müssen; darauf wird im Kapitel 7 ausführlich eingegangen.

3. Wirt-Parasit-Beziehungen (Pathogenese)

3.1. Allgemeiner Prozeßablauf

An der Entstehung einer Pflanzenkrankheit sind drei Faktorenkomplexe oder Komponenten beteiligt: die Wirtspflanze, der Erreger und die Umwelt. Die Wechselbeziehungen zwischen ihnen lassen sich am einfachsten wie folgt darstellen:

Umwelt

⇗ ⇘

Wirtspflanze ⇌ Erreger

Dabei sollen die mit unterbrochenen Linien angegebenen Pfeile Einflüsse geringerer Stärke andeuten. Aus diesem Schema geht eindeutig hervor, daß die Entwicklung eines Wirt-Parasit (Erreger)-Verhältnisses von den herrschenden Umweltbedingungen in ganz erheblichem Maße abhängig ist, und zwar in doppelter Hinsicht: Einmal wird der Parasit in seiner Wachstums-, Vermehrungs- und Ausbreitungsfähigkeit von den vorgegebenen äußeren Bedingungen wie Temperatur und Feuchtigkeit sehr stark beeinflußt, zum anderen verändern diese (und weitere) Faktoren auch die Anfälligkeit der Wirtspflanze in sehr erheblichem Umfang.

Zwischen dem Eindringen des Erregers in die Pflanze und ihrer völligen oder teilweisen Zerstörung bzw. Wiederherstellung liegen verschiedene Etappen der Wirt-Parasit-Beziehung. Sie entsprechen charakteristischen Zügen des Krankheitsverlaufs, es sind dies vor allem:

die Infektion,
die Inkubation,

die eigentliche Erkrankung mit ihren Symptomen und, falls es nicht zum Absterben des Wirtes kommt, die Heilung und Wiederherstellung des Normalzustandes.

Die Infektion setzt voraus, daß pathogene Bakterien auf einen anfälligen Wirt treffen. Sie gilt als abgeschlossen, wenn der pathogene Keim mit seinem Wirt in ein stabiles parasitisches Verhältnis getreten ist, mit anderen Worten: sie umfaßt den Zeitabschnitt vom Angriff des Pathogens bis zu seiner Stabilisierung im Wirt. Diese Zeitspanne zwischen erster Kontamination des pathogenen Erregers mit der Pflanze und der Herstellung eines irreversiblen parasitischen Verhältnisses wird Infektionszeit genannt.

Das „Hineintragen" (lat.: „inficere") des Krankheitskeimes kann passiv erfolgen oder aktiv sein. Ersteres würde z. B. für die Wundinfektion einer Kartoffelknolle durch *Erwinia carotovora* var. *atroseptica* zutreffen, letzteres gilt für die aktive Ausbreitung eines begeißelten Bakteriums auf der benetzten, feuchten Pflanzenoberfläche und anschließendem Eindringen in Spaltöffnungen, Lentizellen o. a. Organöffnungen. Überhaupt weist der Infektionsvorgang bei Bakteriosen im Gegensatz zu pathogenen Pilzen Besonderheiten auf. So können z. B. Bakterien kutinisierte Epidermen der Pflanze in der Regel nicht durchdringen. Eine bakterielle Infektion erfolgt deshalb durch

1. nichtkutinisierte Pflanzenteile, wie Wurzelhaare, Narben o. ä. und
2. Wunden oder
3. aktives oder passives Eindringen in vorhandene Öffnungen wie z. B. Spaltöffnungen, Hydathoden und Lentizellen.

Dies macht gleichzeitig deutlich, daß Umweltfaktoren den Erfolg des parasitischen Angriffs maßgeblich beeinflussen können. Hohe Luftfeuchte oder regennasse Pflanzenoberflächen fördern das Eindringen des Erregers in die Pflanze. Hohe Temperaturen können diesen Prozeß weiter begünstigen. Hohe Bodentemperaturen fördern z. B. auch die Infektion der Kartoffelknollen durch *Streptomyces scabies*, den Erreger des Kartoffelschorfs.

Oft bestimmen Aziditätsverhältnisse im Wirt oder im Boden darüber, ob der Erreger sich entwickeln kann und die Pflanze infiziert wird oder nicht. Dies hat bereits erfolgreich Wege der Bekämpfung von Bakteriosen eröffnet. So können z. B. physiologisch saure Düngemittel, dem Boden zugesetzt, die Infektionsrate des Kartoffelschorferregers vermindern.

Um eine Pflanze wirksam zu infizieren, ist ferner eine bestimmte Keimdichte erforderlich. Die „kritische Inokulummenge" (d. h. die Mindestkeimzahl die erforderlich ist, um eine Erkrankung der Pflanze hervorzurufen) ist eine variable Größe, die beim Pathogen von seiner Aggressivität bestimmt, beim Wirt durch gattungs-, art- und sortenspezifisch unterschiedliche Krankheitsbereitschaft gekennzeichnet und durch Umweltfaktoren beeinflußt wird. So sind z. B. zur Infektion der Kartoffelknolle durch *Erwinia carotovora* var. *atroseptica* bei der Sorte ‚Ora' 10^5 bis 10^6 Keime/ml bei Temperaturen von ca. 20 °C erforderlich, um eine Naßfäule hervorzurufen.

Welche wirtsspezifische Faktoren der Infektion entgegenwirken können, wie Kutinschichten, Toxine, „physiologische Reife", wird im Abschnitt „Prädisposition" besprochen. Dasselbe gilt für die genetische und physiologisch bedingte Krankheitsbereitschaft des Wirtes, die eine wichtige Voraussetzung für die erfolgreiche Infektion der Pflanze ist.

Kennzeichnend für bakterielle Erreger ist ferner die Fähigkeit zahlreicher Arten, gewisse Zeit in einer inaktiven Phase auf der Pflanzenoberfläche zu überdauern bzw. latent in der Pflanze oder saprophytisch auf Rückständen oder im Boden zu leben. Dies trifft z. B. auch für den Erreger des Feuerbrandes, *Erwinia amylovora*, zu, der mehrere Monate an Knospenschuppen haftet (Kontamination), ohne Symptome zu verursachen. Ähnliche

Befunde (oberflächliche Kontamination bzw. latentes Vorkommen im pflanzlichen Gewebe) liegen über den Erreger der Knollennaßfäule der Kartoffel, *Erwinia carotovora* var. *atroseptica*, vor.

Im 4. Kapitel wird auf die Ausbreitung der Bakteriosen eingegangen, doch schon hier sei auf die große Bedeutung hingewiesen, die Vektoren als Keimträger haben. Das können Warmblüter sein; vor allem aber sind es Insekten, die pathogene Keime weitertragen.

Die Phase der Inkubation umfaßt den für die Pathogenese entscheidenden Abschnitt zwischen Infektion und dem Auftreten der ersten Krankheitssymptome. Dieser Zeitabschnitt wird auch als Inkubationszeit bezeichnet. Während dieses symptomlosen Zustandes, dessen entscheidende Phase in der Überschreitung des pathogenen Schwellenwertes liegt, erfolgt in der Pflanze jene physiologische Umstimmung, die später im Krankheitsbild zum Ausdruck kommt. Die Länge der Inkubationszeit wird wiederum stark von Umweltfaktoren, von der Pathogenität des Krankheitserregers und der Resistenz der Pflanze beeinflußt. In der Regel verkürzen hohe Temperaturen bei den meisten Bakteriosen die Inkubationszeit. Sie beträgt z. B. bei *Xanthomonas campestris*/ Pathotyp *X. translucens*, dem Erreger verschiedener Getreidekrankheiten, 8 Tage bei 10 °C, sie verkürzt sich auf 2 Tage bei 20 °C. Die Organe derselben Pflanze können durch den gleichen Erreger unterschiedlich schnell infiziert und besiedelt werden. Die Inkubationszeiten für pathogene Bakterien können zwischen einigen Tagen bis zu mehreren Monaten schwanken. Während z. B. für *Erwinia amylovora* 2 Tage, *Pseudomonas solanacearum* 4 bis 6 Tage, *Corynebacterium michiganense* 9 bis 10 Tage die Regel sind, beträgt sie für *Corynebacterium insidiosum* 3 bis 4 Monate, mitunter bis zu einem Jahr. Daß Umweltfaktoren diese Zeitspannen maßgeblich beeinflussen können, wurde bereits mehrfach betont. Das Manifestwerden der Erkrankung, das die Inkubation abschließt, ist also zeitlich vorher nicht eindeutig festzulegen.

Für die Entstehung des Krankheitssymptoms ist die Art der Ausbreitung des Pathogens im Wirt von Bedeutung.

Grundsätzlich haben wir zwischen systemischer Ausbreitung des Pathogens und einer im infizierten Pflanzenorgan begrenzten, lokalen Ausbreitung des Krankheitserregers im Wirt und entsprechend zwischen systemischer und lokaler Infektion der Pflanze zu unterscheiden (Abb. 25). Häufig wird das Bakterium auf Grund seiner Zellgröße im Gefäßsystem transportiert und löst dadurch oft eine frühzeitige Allgemeinerkrankung der Pflanze aus.

Wir hatten ferner für Bakterien bereits eingeschränkt, daß hauptsächlich drei Eintrittspforten in Betracht kommen:

1. natürliche Öffnungen und
2. Wunden sowie
3. nichtkutinisierte Pflanzenorgane.

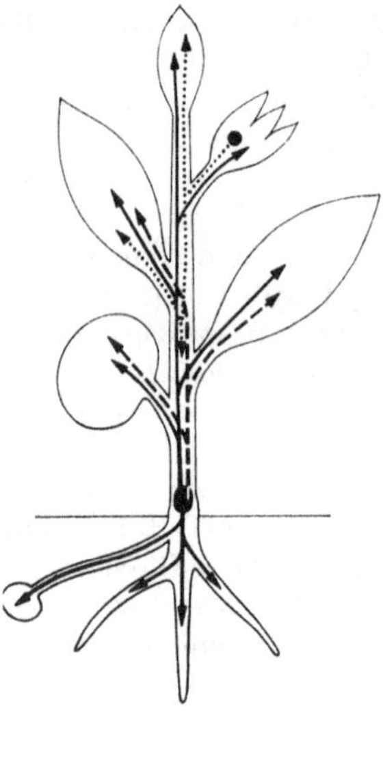

Abb. 25. Möglichkeiten der Ausbreitung bakterieller Erreger in der Pflanze von einem Infektionsherd am Stengelgrund (gestrichelte Linie) oder vom Blatt (gepunktete Linie); systemischer Befall wird durch ausgezogene Linie verdeutlicht

So ist auch verständlich, daß die häufigste Ausbreitung im Wirt zunächst in den Interzellularen erfolgt. Sie nimmt oft in den Atemhöhlen der Spaltöffnungen und Lentizellen ihren Ausgang und setzt sich von hier aus zunächst meist im parenchymatischen Gewebe fort (Abb. 26).

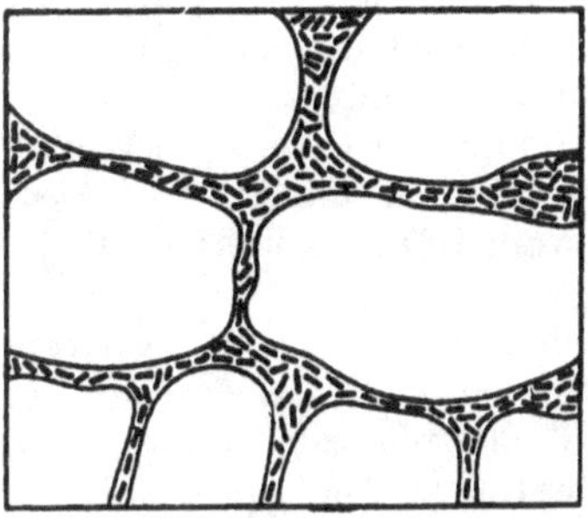

Abb. 26. Ausbreitung von bakteriellen Erregern in den Interzellularen

Bereits im Kapitel 1 wurde deutlich, daß Enzyme und Bakterientoxine diesen Prozeß der Wirtbesiedlung fördern können. Dies gilt z. B. auch für *Erwinia carotovora* var. *atroseptica*. Die durch dieses Bakterium verursachte Zerstörung des Knollengewebes der Kartoffel ist Ergebnis des Wirkens pektolytischer Enzyme. Sie lösen die Mittellamellen auf, in deren Folge Zelldesorganisation und als Krankheitssymptom die Naßfäule entstehen.

Mitunter reichen mechanische Barrieren, wie z. B. Gefäßbündel oder stark verholzte Zellen, um die lokale Ausbreitung der pathogenen Bakterien einzugrenzen („Eckige Blattflecken"-Krankheit der Gurke durch *Pseudomonas syringae*/Pathotyp *P. lachrymans*).

Systemische Erkrankungen der Pflanze sind häufig. Dabei kann der Erreger alle oder nur einige Pflanzenteile besiedeln, je nachdem, ob er in alle Leitbündel eingedrungen ist oder nicht. Der Transport in den Tracheen erfolgt dabei meist passiv und in akropetaler Richtung. Abbildung 25 macht dies deutlich. Charakteristische Beispiele einer systemischen Erkrankung stellen die Gefäß- oder Tracheobakteriosen dar. Die Bakterien verstopfen durch intensive Vermehrung die Leitgefäße, die Wasserzufuhr wird unterbrochen. Oft scheiden sie auch Toxine aus, die die Zellen der Wirtspflanze schädigen und z. B. zur Thyllenbildung (Ausdehnung von Protoplasten der Xylemparenchymzellen in das Lumen der Wasserleitungsbahnen) führen können.

Das äußerlich sichtbare Symptom ist meist ein Welken der Pflanze. Ein Beispiel dafür ist die durch *Corynebacterium michiganense* hervorgerufene bakterielle Welke der Tomate (s. Abb. 14).

Bei vegetativ vermehrten Pflanzen wie der Kartoffel werden die sich systemisch ausbreitenden Erreger von der Mutterknolle auf die Tochterpflanzen und von dort auf die Tochterknollen übertragen. Dies trifft z. B. für den Erreger der Bakterienringfäule, *Corynebacterium sepedonicum*, zu. Bei der Stecklingsvermehrung gelangen pathogene Erreger auf diese Weise von der infizierten Mutterpflanze in den Steckling. In systemisch infizierten Pflanzen können so auch frühzeitig Blüten, Samenanlage und Samen infiziert werden.

Nicht immer ist die Gefäßausbreitung des Erregers makroskopisch erkennbar, wie das z. B. bei der Adernschwärze des Kohls (Abb. 27) nach Infektion des Wirtes durch *Xanthomonas campestris* der Fall ist.

In späten Entwicklungsstadien der Erkrankung treten meist auch alle Erreger von Tracheobakteriosen aus den spezifischen Ausbreitungsbahnen in das sie umgebende Gewebe aus. Sie sind also nicht ausschließlich Gefäßbesiedler, die Leitungsbahnen ermöglichen nur ihre schnelle Ausbreitung in der Pflanze.

Erreger von Gefäßbakteriosen lassen sich also nicht eindeutig von den pathogenen Bakterien abgrenzen, die vorwiegend Schäden im Parenchym verursachen. Will man dennoch eine Gruppierung vornehmen, so sind in die Gruppe der Erreger von Gefäßbakteriosen z. B. zu stellen: *Corynebacterium insidiosum*, *C. michiganense*, *C. sepedonicum*, *C. flaccumfaciens*, *Erwinia tracheiphila*, *Pseudomonas syringae* mit dem Pathotyp *P. medicaginis* und *P. solanacearum* sowie *Xanthomonas campestris* mit dem Pathotyp *X. phaseoli*.

Abb. 27. Durch *Xanthomonas campestris* verursachte Adernschwärze des Kohls

Vorwiegend Schäden im Parenchym, Nekrosen oder Fäulen verursachen z. B.: *Erwinia amylovora*, *E. carotovora*, *Pseudomonas syringae* mit den Pathotypen *P. syringae*, *P. citripetulae*, *P. tabaci* sowie die Pathotypen *Xanthomonas citri*, *X. malvacearum* und *X. translucens* von *X. campestris*.

Die Inkubationsphase endet mit dem Erscheinen des K r a n k h e i t s s y m p t o m s (s. dazu Kapitel 2). Die Pflanze ist erkrankt. Der Angriff des Pathogens war erfolgreich. Das heißt, daß auch alle Gegenreaktionen des Wirtes oder seine Ungastlichkeit erfolglos blieben.

Die genannten Beispiele haben bereits deutlich gemacht, daß destruktive Prozesse bei bakteriellen Infektionen der Pflanze vorherrschen, d. h. es kommt zur völligen oder teilweisen Zerstörung der Pflanze oder des jeweiligen Organs. Demgegenüber stehen konstruktive Prozesse: Die Abwehrreaktion des Wirtes erfolgt in diesen Fällen meist sehr schnell und kann, wie im Abschnitt 3.3.2. deutlich werden wird, unterschiedliche Ursachen haben. Ein Beispiel dafür sind die Hypertrophien an den Wurzeln von Obstgehölzen durch *Agrobacterium tumefaciens* oder der Schorf der Kartoffel durch *Streptomyces scabies.*

Während wir bisher den Prozeßablauf, der schließlich zur Krankheitsentstehung führt, allgemein charakterisiert haben, wollen wir in den nachfolgenden zwei Abschnitten näher auf die spezifischen Beziehungen eingehen, die die Erkrankung oder Nichterkrankung einer Pflanze bedingen, wenn pathogene Bakterien und Wirtspflanze aufeinander treffen.

Zuerst werden an ausgewählten Beispielen Faktoren behandelt, die für die Pathogenität des Erregers kennzeichnend sind. Im darauffolgenden Abschnitt soll dann die Rolle der Pflanze — ihre „Gastlichkeit“ oder „Ungastlichkeit“ — bei der Wirt-Parasit-Beziehung bzw. die Beeinflussung dieses Wechselverhältnisses durch äußere Faktoren erörtert werden.

3.2. Pathogenitätsmerkmale des Erregers

(s. hierzu auch die Kap. 1.5. und 2.)

Im Folgenden wollen wir uns eingehender mit Merkmalen des Erregers auseinandersetzen, die seine Pathogenität bedingen. Es sind dies letztlich die Faktoren, die für die mehr oder weniger typischen Krankheitserscheinungen verantwortlich sind. Die Pathogenitätsmerkmale eines Bakteriums sind meist ohne Bedeutung für seine Fähigkeit, auf einer höheren Pflanze zu parasitieren, d. h. für seine Aggressivität. Beide Merkmale — Aggressivität und Pathogenität — müssen deshalb auseinandergehalten werden, um das Wirt-Parasit-Verhältnis richtig zu analysieren (s. Kap. 2).

Bisher wurden eine Reihe von krankheitsauslösenden Faktoren beschrieben, die für bestimmte Erreger charakteristisch sind. Daneben gibt es sicher noch andere, vielleicht weniger spezifische, von denen aber experimentell gesicherte Angaben bisher fehlen. Als die wichtigsten von bakteriellen Erregern erzeugten krankheitsauslösenden Substanzen sind

— die Welketoxine
— die Nekrose-auslösenden Toxine
— die Hypertrophie-auslösenden Faktoren und die
— Naßfäule-induzierenden Enzyme

zu nennen.

Welketoxine und -enzyme

Für die Entstehung von Welkesymptomen nach Bakterienbefall können mehrere Ursachen verantwortlich gemacht werden. Fest steht, daß die Erreger derartiger Krankheiten sich im Wasserleitungssystem ausbreiten; daher der Name „Gefäß- oder Tracheobakteriose" für diesen Krankheitstyp. Störungen des Wasserhaushalts, die sich in Welkeerscheinungen äußern, lassen sich im Prinzip auf dreierlei Weise erklären:

1. Sie können durch das massenhafte Auftreten von schleimbildenden Bakterienzellen bedingt sein, die den Wassertransport dadurch regelrecht blockieren.

2. Eine weitere Ursache kann die Ausscheidung von speziellen Welketoxinen sein. Derartige Toxine schädigen die Mesenchymzellen der Blätter in spezifischer Weise und rufen somit die Welke hervor. Der Mechanismus dieser toxigenen Welke wurde namentlich von GÄUMANN und seinen Mitarbeitern (1946) an pilzlichen Welkeerregern untersucht.

3. Eine andere Möglichkeit besteht darin, daß die Welkeerreger Enzyme sezernieren, die zur Thyllenbildung oder Schleimausscheidung durch die Wirtspflanze selbst führen; auch dadurch werden Leitungsbahnen verstopft, so daß die Wasserzuführung zu den oberirdischen Pflanzenorganen gedrosselt ist.

Ein Beispiel für die mechanische Verstopfung von Tracheen durch Bakterienzellen und -schleime stellt die Schleimkrankheit der Kartoffel, *P. solanacearum*, dar, wenngleich hier vermutlich auch Bakterienenzyme eine gewisse Rolle mitspielen.

Welketoxine werden von verschiedenen *Corynebacterium*-Arten produziert, z. B. von *C. insidiosum*, *C. michiganense* und *C. sepedonicum*. Am Beispiel von Welketoxin-produzierenden Erregern hat sich nachweisen lassen, daß diese Welke-auslösenden Substanzen erst dann in nennenswerter Menge gebildet werden bzw. zur Wirkung kommen, wenn sich die Erregerzellen bereits im Pflanzeninnern vermehren konnten.

Chlorose- und Nekrose-verursachende Toxine

Manche bakterielle Erreger scheiden Toxine aus, die zu einer Chlorose und schließlich zu einer Nekrose des Blattgewebes führen. Die Toxine sind lokal, d. h. in der Umgebung der Infektionsstelle, wirksam und verursachen einen chlorotischen Hof („Halo"), der selbst keine Erregerzellen enthält. Solche Toxine werden z. B. von *Pseudomonas syringae*/Pathotyp *P. tabaci*, dem Erreger des Tabakwildfeuers, und manchen Herkünften von *Pseudomonas syringae*/Pathotyp *P. phaseolicola*, dem Erreger der Fettfleckenkrankheit bei der Gartenbohne, gebildet. Derartige Ausscheidungsstoffe wirken unspezifisch, d. h. nicht nur die eigentlichen Wirtspflanzen, sondern auch andere Pflanzen zeigen Chloroseerscheinungen, falls sie mit dem Toxin in Berührung kommen.

Hypertrophie-auslösende Faktoren

Einige phytopathogene Bakterien sind imstande, pflanzliche Zellen zur verstärkten Teilung und ungerichteter Neubildung von Gewebe zu veranlassen. Auf diese Weise entstehen die sogenannten Pflanzentumoren. Als Erreger eines derartigen neoplastischen Wachstums sind in erster Linie *Agrobacterium tumefaciens* und *A. rhizogenes* zu nennen. Im gewissen Sinne gehören auch die verschiedenen *Rhizobium*-Arten hierher, die insofern einen Sonderfall darstellen, als sie keine Schädigung der von ihnen infizierten Pflanze bewirken, sondern mit dieser eine für beide Partner vorteilhafte Symbiose eingehen.

Der Tumor-auslösende Prozeß verläuft offenbar recht kompliziert. Man unterscheidet häufig 2 Phasen der Tumorbildung. Im ersten Abschnitt der Wirt-Parasit-Beziehung werden durch die Infektion normale Wirtszellen in charakteristischer Weise in Tumor-Ausgangszellen umgestimmt. Dies tritt offenbar nur bei beschädigten Zellen ein. Die Umstimmung der Wirtszellen erfolgt unter dem Einfluß eines Tumor-induzierenden Prinzips (TIP), das vom Erreger freigesetzt wird. Neuerdings wird sehr stark diskutiert, daß die Tumorentstehung durch die Integration von genetischem Material aus den Erregerzellen in das Wirtszellengenom zustandekommt; endgültige Klarheit besteht hierüber jedoch noch nicht.

In einer 2. Phase entwickeln sich dann bei ausreichender Zuführung von β-Indolylessigsäure und anderen Wachstumsfaktoren die eigentlichen Tumoren, ohne daß dabei noch die Anwesenheit des Erregers erforderlich ist.

Naßfäule-erzeugende Enzyme

Eine wirtschaftlich sehr wichtige Gruppe von Bakterienkrankheiten sind die sogenannten Naßfäulen (s. Kap. 2). Sie kommen bei sehr vielen Kulturpflanzen vor und entstehen dadurch, daß die Erreger Enzyme ausscheiden, die den pflanzlichen Zellverband zum Zerfall bringen. Es handelt sich dabei um Pektinasen, die die aus Pektinaten bestehende Mittellamelle auflösen. Hauptsächlich sind an diesem Vorgang 2 Enzyme beteiligt, die Pektinmethylesterase und die Polygalakturonase. Die meisten Naßfäuleerreger (aber auch einige Saprophyten) besitzen nur die Polygalakturonase. Auch hier kommen diese Ektoenzyme erst dann in vivo zur Wirkung, wenn die Erregerzellen sich im Pflanzeninnern haben entwickeln und vermehren können; sie sind also ein Kriterium für ein fortgeschrittenes Stadium des Befalls und bewirken schließlich die typischen Symptome dieses Krankheitstyps.

3.3. *Krankheitsbeeinflussende Faktoren*

3.3.1. *Prädisposition*

Nachdem wir die Merkmale näher kennengelernt haben, die für die parasitische Eignung, insbesondere die Pathogenität, eines Bakteriums ausschlaggebend sind, wollen wir uns in diesem Abschnitt mit den Bedingungen beschäftigen, die von Seiten der Wirtspflanze erfüllt sein müssen, ehe es zu einer bakteriell bedingten Pflanzenkrankheit kommt. Hierbei sind sowohl äußere Faktoren, wie Einwirkung der Witterung usw., als auch innere Ursachen, wie z. B. genetisch fixierte Resistenz, zu berücksichtigen.

Zuerst soll auf die Abhängigkeit der Wirtspflanze von den Umweltbedingungen eingegangen werden. Diese exogenen Faktoren sind von entscheidender Bedeutung für die Prädisposition. Mit diesem Fachausdruck wird die durch die Gesamtheit der Umweltfaktoren charakterisierte Fähigkeit (oder Neigung) der Pflanze bezeichnet, ein Wirt-Parasit-Verhältnis einzugehen, d. h. konkret: anfällig zu sein und zu erkranken. Man muß sich dabei klarmachen, daß äußere Einflüsse nur innerhalb der genetisch fixierten Variabilitätsgrenzen in diesem Sinne wirksam sein können. Im Gegensatz zu dieser von Außenfaktoren abhängigen Prädisposition bezeichnet man die genetisch fixierte Fähigkeit einer Pflanze, überhaupt als Wirt für einen bestimmten Parasiten zu dienen, nach GÄUMANN als Disposition. Die Disposition ist demnach das von den Umweltbedingungen unabhängige Merkmal „Wirtspflanze für ...".

Wir wenden uns nunmehr der Besprechung von verschiedenen äußeren Faktoren zu, die auf die Prädisposition der Wirtspflanzen einwirken und dadurch die Entstehung, Ausbreitung und Ausprägung von bakteriellen Pflanzenkrankheiten entscheidend beeinflussen. Dabei muß betont werden, daß es oft sehr schwierig (oder gar unmöglich) ist, die auf die Pflanze ausgeübte Wirkung exakt von den Einflüssen zu unterscheiden, auf die der Erreger reagiert.

Temperatur

Dies trifft in besonderem Maße auf die Temperatur zu. Dieser Faktor beeinflußt den Parasiten zunächst direkt sehr erheblich. Das gilt z. B. für das Auftreten von *Xanthomonas campestris*/Pathotyp *X. phaseoli* var. *fuscans* in warmen Sommern unter unseren Bedingungen. Eine Temperatur-abhängige Beeinflussung der Prädisposition, wie z. B. der Kartoffelknollen gegenüber dem Erreger der bakteriellen Knollennaßfäule, *Erwinia carotovora* var. *atroseptica*, liegt vor, wenn die Knollen bei niedrigen Temperaturen (0 bis 5 °C) gelagert werden. Die niedrigen Temperaturen führen zu einer höheren Beschädigungsempfindlichkeit, die ihrerseits bereits bei geringfügiger mechanischer Belastung Eintrittspforten für den Erreger entstehen läßt, und so eine erhöhte Infektionsgefährdung bewirkt.

Als weiteres Beispiel sei darauf verwiesen, daß in vielen Fällen typische Symptome nur dann entstehen, wenn die Pflanzen in einem bestimmten Temperaturbereich kultiviert werden. Dies hängt mindestens teilweise mit der Prädisposition der Pflanze (zu einem Teil aber auch mit der Vermehrungsrate des Erregers) zusammen. Derartige Verhältnisse lassen sich z. B. bei der „Eckigen Blattflecken"-Krankheit der Gurke (*P. syringae*/Pathotyp *P. lachrymans*) und der Fettfleckenkrankheit der Bohne (*P. syringae*/Pathotyp *P. phaseolicola*) feststellen.

Feuchtigkeit

Die Feuchtigkeit kann ebenfalls einen erheblichen Einfluß auf die Anfälligkeit einer Wirtspflanze haben. So erleiden Kartoffelknollen mit hohem Wassergehalt eher eine Beschädigung und damit einen Naßfäulebefall (durch *Erwinia carotovora* var. *atroseptica*) als Knollen mit höherer relativer Trockenmasse. Ferner sind oberflächlich feuchte Knollen im Vergleich zu trockenen besonders naßfäulegefährdet, weil hierdurch anaerobe Bedingungen geschaffen und dadurch Resistenzmechanismen blockiert werden. Überhaupt steigert auf der Blattoberfläche längere Zeit vorhandenes Wasser die Anfälligkeit der Wirtspflanzen dadurch, daß die Spaltöffnungen und Atemhöhlen durch Eindringen der Flüssigkeit für bakterielle Erreger besser passierbar werden. Diese Tatsache macht man sich übrigens bei künstlicher Infektion von Pflanzen zunutze, um den Infektionserfolg zu erhöhen.

Belüftung und Wind

Die Zuführung von Luft, insbesondere Sauerstoff, kann in bestimmten Fällen die Anfälligkeit von Pflanzen bzw. Pflanzenorganen erheblich herabsetzen. Dies trifft z. B. bei Kartoffelknollen zu, die bei rechtzeitiger O_2-Zuleitung trotz bereits erfolgter Infektion durch Naßfäuleerreger (*E. carotovora* var. *atroseptica*) symptomfrei bleiben. Mangelnder O_2-Gehalt in der Atmosphäre andererseits macht die Knolle nicht nur gegen diese Bakteriose anfällig, sondern auch gegenüber bestimmten anderen im allgemeinen nicht pathogenen Bakterienarten (*Clostridium* spec.). Das Fehlen von Sauerstoff wirkt sich auch bei Wurzel-infizierenden Bakterien infektions- und krankheitsfördernd aus. Als Beispiel mögen hier *Agrobacterium tumefaciens* sowie verschiedene *Rhizobium*- und *Corynebacterium*-Arten genannt sein.

Andererseits ist ständiger und starker Wind bei Freilandkulturen häufig sehr nachteilig für die Pflanzen. Einmal können dadurch die bakteriellen Erreger leichter von kranken auf gesunde Pflanzen übergehen. Ein anderer die Anfälligkeit der Pflanze steigernder Effekt des Windes besteht darin, daß durch das vom Wind hervorgerufene ständige Reiben von Blättern (oder Stengeln) gegeneinander Wunden entstehen, die beispielsweise bei Bohnen (*Pseudomonas syringae*/Pathotyp *P. phaseolicola*) und Gurken (*Pseudomonas syringae*/Pathotyp *P. lachrymans*) zu erhöhtem Befall führen. Eine dritte Wirkung von ständigem Wind auf den Krankheitsbefall ist bei Kulturpflanzen festzustellen, die von einer Tracheobakteriose befallen sind. Hier führt die Windeinwirkung in Analogie zu den pilzlichen Welkekrankheiten zu einer erhöhten Belastung des Wasserleitungssystems infolge vermehrter Transpiration und damit zu verstärkten Welkesymptomen.

Boden und Düngung

Über den direkten Einfluß des Bodens, seiner Zusammensetzung, Struktur und seines Zustandes auf die Anfälligkeit der Kulturpflanzen gegenüber Bakteriosen ist wenig bekannt. Zwar gibt es viele Untersuchungen über den Zusammenhang zwischen dem Boden und dem Krankheitsbefall, hierbei sind aber die Einflüsse des Bodens auf den Erreger, seine Überlebensfähigkeit und Ausbreitungsfähigkeit mit einbegriffen.

Eine Erhöhung der Anfälligkeit von Kulturpflanzen ist am ehesten bei Böden zu erwarten, die deren Wachstum in irgend einer Weise beeinträchtigen (dichte, staunasse, arme Böden). Zahlreiche exakte Untersuchungen liegen über die Einflüsse auf die Krankheitsanfälligkeit bei unterschiedlicher Düngung vor. So hat sich bei vielen Bakteriosen eine Zunahme der Anfälligkeit nach einseitig überhöhter N-Düngung nachweisen lassen. Als Beispiele sind hier zu nennen: Schwarzbeinigkeit und Knollennaßfäule der Kartoffel (*Erwinia carotovora* var. *atroseptica*), „Eckige Blattflecken"-Krankheit der Gurke (*Pseudomonas syringae*/Pathotyp *P. lachrymans*), bakterielle Tomatenwelke (*Corynebacterium michiganense*), Adernschwärze des Kohls (*Xanthomonas campestris*) u. a. Eine ausgewogene schlagbezogene Düngung bietet am ehesten die Gewähr für eine optimale Ernährung und eine geringere Prädisposition der Kulturpflanzen. Man muß also eine einseitige N-Düngung vermeiden. Bei Kartoffeln hat sich u. a. auch gezeigt, daß — in bestimmten Grenzen — durch P-Gaben eine höhere Widerstandsfähigkeit gegen *Erwinia carotovora* var. *atroseptica* zu erreichen ist.

Wundsetzung (Beschädigung)

Von erheblichem Einfluß auf die Anfälligkeit von Wirtspflanzen gegenüber bakteriellen Erregern sind Beschädigungen der Pflanzenoberfläche. Dies führt zur Entstehung von zusätzlichen Eintrittspforten, die den Bakterien entweder überhaupt erst das Eindringen ermöglicht — das trifft für alle sogenannten Wundparasiten wie *Agrobacterium tumefaciens* oder *Erwinia carotovora* var. *atroseptica* zu — oder es erleichtert. Dies gilt allgemein für bakterielle Erreger, also auch für Bakterien, die die Pflanzen normalerweise über Spaltöffnungen oder Hydathoden befallen wie beispielsweise die meisten Blattfleckenkrankheitserreger.

Wunden erhöhen somit in jedem Fall die Anfälligkeit der betroffenen Pflanzenorgane gegenüber Bakteriosen. Neben der lokalen Zerstörung der schützenden Außenschichten der Pflanzen bewirken frische Verletzungen aber auch noch eine weitere Voraussetzung für den Angriff von Bakterien, nämlich die Umstimmung des gesamten Stoffwechsels im Bereich der Wunden. Es ist seit langem bekannt, daß Verletzungen den Stofftransport und die Zellbildungsprozesse im umliegenden Gewebe aktivieren und sogar bereits differenzierte Pflanzenzellen wieder zur Teilung und zur Bildung von Wundperiderm veranlassen.

Bevor eine geschlossene Peridermschicht entstanden und dadurch den Erregerzellen ein weiteres Vordringen verwehrt ist, wirkt dieser aktivierte Stoffwechsel der höheren Pflanze vielfach auch stimulierend auf die Vermehrung und Ausbreitung der bakteriellen Erreger. Diesen Effekt kann man sehr gut bei Blattfleckenkrankheiten beobachten, die auch ohne das Vorhandensein von Wunden entstehen können, z. B. die „Eckige Blattflecken"-Krankheit der Gurke. Sind die Blätter vor der Infektion verletzt worden, so entstehen wesentlich größere Blattflecke (d. h. dehnen sich die Befallsherde in weit größerem Umfang aus) als auf unverletzten Blättern oder Blatteilen.

3.3.2. Resistenz

Nachdem wir im Abschnitt 3.3.1. die verschiedenen Möglichkeiten kennengelernt haben, durch die äußere Bedingungen im Rahmen einer genetisch vorgegebenen Variationsbreite die Anfälligkeit von höheren Pflanzen gegenüber phytopathogenen Bakterien beeinflussen, wollen wir uns nunmehr mit der Anfälligkeit bzw. Resistenz der Wirtspflanzen selbst beschäftigen. Darunter verstehen wir das Merkmal, das die Pflanze befähigt, als Wirt für einen bestimmten Krankheitserreger zu dienen bzw. einer Infektion zu widerstehen. Der Einfachheit halber beschränken wir uns im Folgenden auf die Betrachtung der Resistenz, die ja die für die pflanzliche Produktion interessanteste Seite des Anfälligkeits/Resistenz-Komplexes darstellt. Das Problem der Resistenz kann unter verschiedenen Aspekten analysiert werden. Hier seien kurz nur 3 verschiedene Betrachtungsmöglichkeiten erwähnt, bei denen sich die einzelnen Kategorien allerdings häufig überschneiden:

1. die ontogenetische Betrachtung:

Hierbei geht man davon aus, daß bei verschiedenen Pflanzen bestimmte Entwicklungsstadien (Jugendentwicklung oder spätere Entwicklungsphasen) durch eine erhöhte Widerstandsfähigkeit gegenüber den jeweiligen kompatiblen Erregern gekennzeichnet sind. Man spricht dann von Jugend- oder Altersresistenz. Beispielsweise sind ganz junge und alte Gurkenblätter wesentlich weniger anfällig gegenüber *Pseudomonas syringae*/Pathotyp *P. lachrymans* als Blätter, die eben ihre maximale Ausdehnung erreicht haben.

2. die morphologische Betrachtung:

In diesem Falle unterscheidet man zwischen einer Eindringungs- und einer Ausbreitungsresistenz.

3. die kausale Betrachtung:

Bei dieser Betrachtungsweise geht man von den der Resistenz zugrundeliegenden morphologischen und physiologischen Ursachen aus und unterscheidet zunächst zwischen präformierter und induzierter Resistenz. Wir wollen uns dieser in den modernen Darstellungen verbreiteten Verfahrensweise im folgenden anschließen.

Bakterielle Krankheitserreger stellen — wie das Wachstumsverhalten auf künstlichen Nährsubstraten zeigt, keine besonderen Ernährungsansprüche. Sie benötigen C- und N-Quellen, nämlich Kohlenhydrate und Proteine, und einfache Mineralsalze. Derartige organische und anorganische Verbindungen stehen in genügendem Umfang in den Pflanzen zur Verfügung. Vom Standpunkt der Substratbereitstellung her müßten demnach die meisten Pflanzen für die Mehrzahl der phytopathogenen Bakterienarten anfällig sein. Das ist aber bekanntlich nicht der Fall, vielmehr stellt die Entstehung eines echten Wirt-Parasit-Verhältnisses eine Ausnahme dar. Woran das liegt, wollen wir hier diskutieren.

Bakterielle Erreger können, wie bereits mehrfach erwähnt wurde, in die Pflanzen über die Spaltöffnungen, die Wasserspalten (Hydathoden) oder durch Wunden eindringen. Sie vermehren sich dann in den Interzellularräumen oder im Tracheensystem ihrer Wirtspflanzen, wobei die darin enthaltene Flüssigkeit als Nährsubstrat dient. In vitro kann dieser Nährstoff-haltige Pflanzensaft als Medium für nichtkompatible pathogene Bakterienarten und sogar für saprophytische Arten verwendet werden. Im Pflanzengewebe sind aber lediglich die kompatiblen Krankheitserreger in der Lage, sich weiterzuentwickeln und zu vermehren, sofern die betreffende Pflanze auch tatsächlich anfällig (und nicht etwa resistent) ist. Die Frage, mit der wir uns hier näher beschäftigen wollen, ist also, worauf diese Fähigkeit beruht, dem Angriff eines bakteriellen Erregers zu widerstehen. Dazu unterscheiden wir prinzipiell 2 verschiedene Abwehrmechanismen:

— die präformierte und
— die induzierte Resistenz.

Präformierte Resistenz

Bei dieser Form der Resistenz sind die zur Abwehr eines Bakterienbefalls entscheidenden Faktoren bereits vor der Infektion und unabhängig von ihr vorhanden. Es kann sich dabei sowohl um morphologische als auch um physiologische Barrieren handeln. Einen sehr wirksamen morphologischen Abwehrfaktor stellt beispielsweise die Kutikula oder das Wundperiderm dar. Beide Gewebeschichten sind praktisch undurchdringlich für Erreger von Bakterienkrankheiten. Die Kutikula-Auflage, die alle oberirdischen krautigen Stengel und Blätter auf der Epidermis tragen, ist ein vollkommener Schutz vor phytopathogenen Bakterien, die bekanntlich nur über natürliche oder künstliche (Wunden!) Körperöffnungen im Pflanzengewebe einzudringen vermögen. Die physiologischen Abwehrfaktoren können sehr verschiedenartig sein. Zum Beispiel beeinflußt die Pufferkapazität einer Pflanze sehr wesentlich ihre Wirtseignung für *Pseudomonas syringae*/Pathotyp *P. tabaci*. Verschiedentlich ist aber auch das Vorhandensein von bakteriostatisch wirkenden Pflanzeninhaltsstoffen bekannt geworden, etwa das Hydrochinon im Birnengewebe, das bei einigen Sorten einen Befall durch *Erwinia amylovora* verhindert. Ähnliches gilt auch für das von antimikrobiell wirksamen Pflanzenstoffen wie Rishitin und Skopoletin bei der Kartoffel, die die Naßfäuleausbreitung hemmen und die auch bei verschiedenen Pilzkrankheiten befallssenkend wirken.

Daß derartige Hemmstoffe präinfektionell in resistenten Pflanzen vorhanden sein können, wurde an mehreren Beispielen nachgewiesen. Daneben gibt es noch eine (ältere) Auffassung, die die präformierte Resistenz auf mangelnde Fähigkeit der betreffenden Pflanzen zurückführt, als Nährsubstrat zu dienen. Wie wir aber bereits weiter oben gesehen haben, enthält zum mindesten die in den Interzellularen und Tracheen vieler höherer Pflanzen vorhandene Flüssigkeit alle erforderlichen Bestandteile für die in vitro-Ernährung von Bakterien. Geringe Abweichungen von der Optimalzusammensetzung des Substrats müßten zur Selektion von entsprechend befähigten Mutanten führen. Diese experimentellen Befunde sprechen nach unseren gegenwärtigen Kenntnissen gegen eine entscheidende Rolle der Nährsubstratzusammensetzung bei der Resistenzentstehung. Es ist allerdings auch keineswegs sicher, ob den präinfektionell vorhandenen chemischen Barrieren eine generelle Bedeutung bei der Resistenzbildung zukommt. Hierüber werden erst weitere Untersuchungen Auskunft geben.

Induzierte Resistenz

Ein Phänomen, das uns einen wesentlichen Einblick in den Mechanismus von Resistenzvorgängen gestattet, ist die induzierte Resistenz. Hierbei handelt es sich um Prozesse, die erst durch eine voraufgegangene Infektion ausgelöst werden und zur Unterdrückung der eingedrungenen Mikroorganismenzellen führen.

Man kann 2 Formen der induzierten Resistenz unterscheiden:

— die Prämunität und
— die Überempfindlichkeitsreaktion.

Prämunität

Unter Prämunität soll hier eine unspezifische Unanfälligkeit verstanden werden, die von einer vorhergegangenen Infektion durch einen anderen (bakteriellen) Erreger ausgelöst worden ist. Dieses erste Pathogen hat die Wirtspflanzen sozusagen „immunisiert", d. h. sie vor einer Nachfolgeinfektion geschützt. Dabei ist es unerheblich, ob die Primärinokulation durch einen pathogenen oder einen apathogenen Bakterienstamm erfolgt ist. Unter Umständen ist es sogar möglich, eine derartige Prämunität durch Injektion von toten Bakterienzellen zu erreichen.

So erhielten Lovrekovich und Farkas (1965) eine Prämunität von Tabakpflanzen gegenüber *Pseudomonas syringae*/Pathotyp *P. tabaci*, dem Erreger des Wildfeuers, durch vorhergehende Infiltration von abgetöteten Zellen desselben Bakteriums. Später zeigte es sich, daß auch eine Vorbehandlung der Tabakpflanzen mit dem saprophytischen Bakterium *Pseudomonas fluorescens* denselben Effekt hat, nämlich eine Verhinderung des Wildfeuerauftretens. Ähnliche Befunde konnten inzwischen bei mehreren Bakteriosen, z. B. auch beim Feuerbrand des Kernobstes, *Erwinia amylovora*, erhalten werden.

Aus allen diesen Feststellungen geht hervor, daß verschiedene Ursachen zu einem ähnlichen Effekt, der Abwehr einer Zweitinfektion, führen. Die Prämunität ist also im Gegensatz zur echten Immunisierung im Sinne einer Antigen-Antikörper-Beziehung unspezifisch, d. h. nicht nur gegenüber dem auslösenden Agens wirksam. Andererseits funktioniert die einmal ausgelöste Prämunität gegenüber verschiedenen Pathogenen, sogar Virus-Infektionen.

Überempfindlichkeitsreaktion

Eine ganz andere Form der induzierten Resistenz stellt die Überempfindlichkeitsreaktion oder Hypersensibilität dar. Sie wurde zuerst bei Pilzkrankheiten von K. O. Mül-

LER (1956) beschrieben und tritt auch bei Viruskrankheiten auf. Für Bakterienkrankheiten konnten KLEMENT et al. (1964) diesen wichtigen Resistenztyp ebenfalls nachweisen. Diese Autoren zeigten nämlich, daß alle *Pseudomonas*-Arten eine schnelle Abtötung der sie umgebenden Pflanzenzellen auslösen, wenn sie in eine Nichtwirtspflanze gebracht werden bzw. gelangen. Dasselbe tritt ein, wenn Erregerzellen in resistente Exemplare einer an sich kompatiblen (= Wirts-) Pflanzenart eindringen oder wenn eine apathogene Mutante in eine an sich anfällige Pflanze inokuliert wird.

Man kann also feststellen, daß eine Überempfindlichkeitsreaktion überall dort anzutreffen ist, wo ein inkompatibles Wirt-Parasit-Verhältnis vorliegt. Saprophytische Bakterien führen dagegen nicht zu einer derartigen Resistenzreaktion. Die Überempfindlichkeitsreaktion, d. h. das Absterben der umgebenden Mesenchymzellen, setzt innerhalb von 8 bis 10 Stunden nach dem Eindringen der Erregerzellen in den nicht adäquaten Wirtspflanzen ein. Bis dahin vermehrt sich das pathogene Bakterium in den Interzellularen. Bei einer Inokulumdichte von 10^6 Bakterienzellen/ml Infiltrationsflüssigkeit tritt eine sichtbare Nekrose der betroffenen Interkostalfelder ein, bei niedrigeren Erregerkonzentrationen werden nur kleine Zellkomplexe in Mitleidenschaft gezogen, so daß mit bloßem Auge keine Veränderungen festzustellen sind.

Dem Absterben der Pflanzenzellen geht eine beträchtliche Permeabilitätsänderung der Zellmembranen voran, die zu einer meßbaren Ausschüttung von Ionen in die Interzellularflüssigkeit führt. Die Bakterienzellen brauchen nur etwa 20 bis 25 Minuten im Kontakt mit den inkompatiblen Pflanzenzellen zu sein, um diese Überempfindlichkeitsreaktion auszulösen, die dann allerdings erst etwa 8 Stunden später einsetzt.

Im Gegensatz zur Prämunität wird die Hypersensibilitätsreaktion aber offenbar nur von lebenden Zellen eines bakteriellen Erregers und nicht durch abgetötete Zellen, Zellextrakte oder Bakterienfiltrate hervorgerufen. Es muß jedoch hervorgehoben werden, daß sie bisher nur für Blattfleckenerreger wie *Pseudomonas*- und *Xanthomonas*-Arten, für *Erwinia*- oder *Corynebacterium*-Arten aber nur in einigen Fällen nachgewiesen ist. Man kann also auch mit dieser bemerkenswerten Form der Resistenz keinesfalls das Problem der kompatiblen Wirt-Parasit-Beziehung als gelöst betrachten. Hierzu bedarf es weiterer intensiver Forschungsarbeit.

3.4. *Schlußbetrachtung zur Krankheitsentstehung*

Aus den o. g. Ausführungen dürfte deutlich geworden sein, daß die entscheidenden Phasen bei der Entstehung einer Wirt-Parasit-Beziehung

— das Eindringen und
— das Anfangsstadium der Bakterienvermehrung im Pflanzeninnern

sind. Vor allem in der 2. Phase (Inkubationszeit) fällt die Entscheidung, ob die Pflanze sich des Parasiten erwehren kann (durch präformierte oder induzierte Resistenzfaktoren) oder ob ein kompatibles Wirt-Parasit-Verhältnis zustande kommt.

Hat sich der Erreger durchsetzen und vermehren können, werden schließlich die Ausscheidungsstoffe (Toxine, Enzyme etc.) wirksam, die das Erscheinungsbild der Krankheit dann entscheidend mit prägen.

Die Anfangsstadien des Befalls, d. h. Wechselwirkungen zwischen Pflanzen- und eingedrungenen Bakterienzellen, sind für jedes beliebige Wirt-Parasit-Paar spezifisch. Die später wirksam werdenden Ausscheidungsstoffe des Erregers dagegen haben einen unspezifischen Effekt. Den gesamten geschilderten Zusammenhang macht das folgende Schema deutlich:

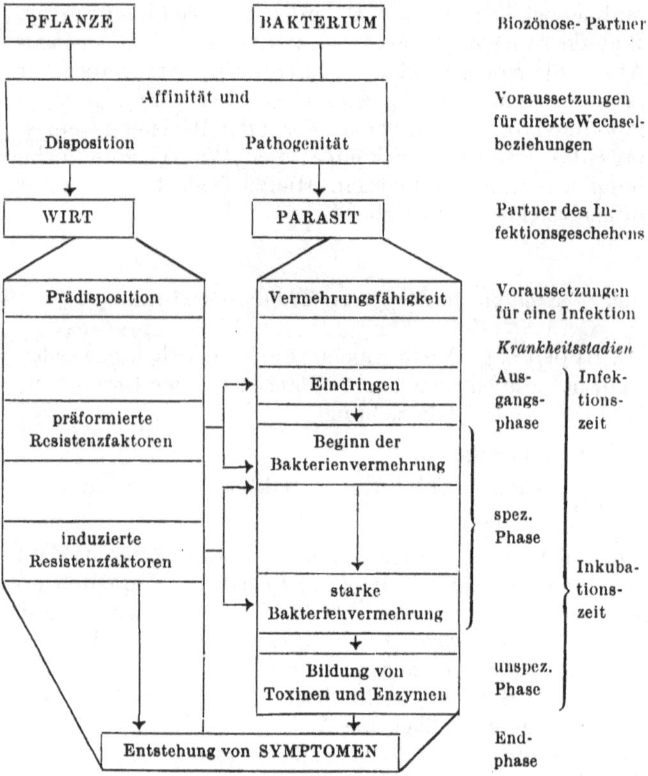

4. Übertragung von Bakteriosen

Die Übertragung pathogener Bakterien von kranken Pflanzen auf gesunde ist Voraussetzung für das Zustandekommen einer Infektion und die Ausbreitung der Krankheit im Bestand oder über größere Entfernungen. Genaue Kenntnis über derartige Infektketten sind wichtig, um wirksame Bekämpfungsmaßnahmen einzuleiten. Nicht immer ist die direkte Bekämpfung des Erregers die erfolgreichste Methode zur Verhinderung der Ausbreitung des Pathogens. Oft kann allein durch Beseitigung des Keimüberträgers oder des Zwischenwirtes eine weiträumige Ausbreitung der Erkrankung verhindert werden.

Dies soll im folgenden an einigen Beispielen deutlich werden.

Im Vergleich zu Mykosen weisen Bakteriosen einige Besonderheiten auf, so sind:

1. Bakterielle Infektionen häufig systemisch, d. h. der Krankheitserreger wird in den Gefäßen der Pflanze transportiert, besiedelt so mehrere Organteile gleichzeitig und dringt vielfach auch in die Samenanlagen ein.
2. Pathogene Bakterien bilden in der Regel keine Dauerformen (Sporen). Sie sind an pflanzliches Substrat gebunden, wenn auch die saprophytische Phase vorherrscht. Ihre Überlebenschance an unbelebter Materie ist begrenzt. Ausnahmen sind die Strahlenpilze (z. B. *Streptomyces scabies*, der Erreger des Kartoffelschorfes).
3. Erfolgreiche Infektionen sind meist an das Vorhandensein von tropfbar flüssigem Wasser (Niederschläge oder Taubildung bei hoher Luftfeuchte) gebunden. Die großräumige Verbreitung von Bakterien durch Wind hat deshalb im Vergleich mit Pilzsporen untergeordnete Bedeutung. Gleichzeitig ist die Massenproduktion von Bakterienkeimen, d. h. das Austreten von Bakterienschleim aus den befallenen Pflanzenteilen, meist nur bei hoher Luftfeuchte möglich.
4. Im Gegensatz zu Pilzen sind Bakterien nicht zum direkten Durchdringen der Zellwände befähigt.
5. Passive Ausbreitung des Pathogens herrscht vor, da eine Überbrückung geringer Entfernungen durch aktives Zellwachstum (wie bei zahlreichen Mykosen) entfällt und eine aktive Fortbewegung nur über kurze Strecken möglich ist.

Hohen Konzentrationen von Kulturarten und nicht ausreichende Bekämpfungsmöglichkeiten fördern die

Ausbreitung. Hohe Temperaturen und hohe Luftfeuchte sind also nicht die einzigen entscheidenden Kriterien für Entstehen und Ausbreitung einer Bakteriose. Größeres Gewicht hat, ob der Erreger die Zeit, die zwischen Reproduktion und neuer Infektion liegt, überdauern kann, d. h., ob eine Infektkette besteht.

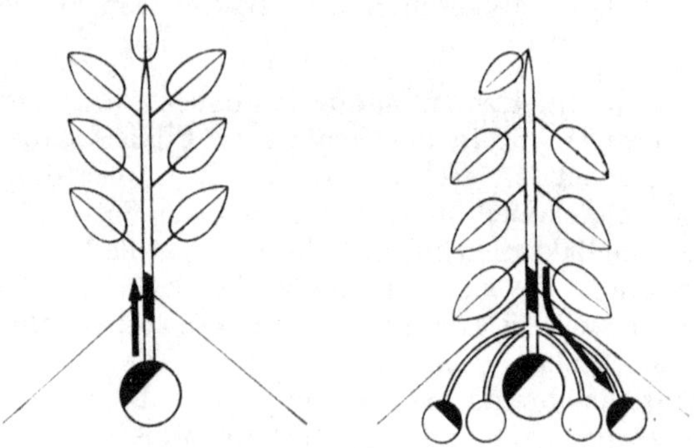

Abb. 28. Ausbreitung von *Erwinia carotovora* var. *atroseptica* in der Kartoffelpflanze

Unter einer Infektkette verstehen wir die fortgesetzte Übertragung des Pathogens von Wirt zu Wirt. Dabei können u. a. Geräte und Maschinen die Mittlerrolle übernehmen. Ein Beispiel mag dies deutlich machen: In der industriemäßigen Kartoffelproduktion gelangt der Erreger der Schwarzbeinigkeit und Knollennaßfäule, *Erwinia carotovora* var. *atroseptica*, von der Mutterknolle aus in die austreibenden Kartoffelsprosse und ruft dort die Schwarzbeinigkeit hervor. Von da wandert er schließlich in die Stolonen und Tochterknollen ein (Abb. 28). Häufig führt diese Infektion zu keinen sichtbaren Krankheitserscheinungen, d. h. der Erreger ist latent im Wirt vorhanden. Werden erkrankte Kartoffelknollen maschinell geerntet und aufbereitet, haben sie vielfachen Kontakt mit gesunden Knollen. Dadurch entstehen Schmierinfektionen. Wenn die Knollen gleichzeitig mechanische Schäden aufweisen, kann der Krankheitserreger unmittelbar in das Speichergewebe eindringen. Dieser Vorgang wird gefördert, wenn im Lager hoher CO_2-Gehalt, hohe Luftfeuchte und hohe Temperaturen herrschen, da dann die Bildung des Wundabschlußgewebes an verletzten Kartoffelknollen und plasmatische Abwehrreaktionen verzögert oder verhindert werden. Werden infizierte Kartoffelknollen ausgepflanzt, beginnt der Infektionszyklus von Neuem.

Das bedeutet, die homogene Infektkette „Mutterknolle — Sproß — Tochterknolle" charakterisiert zwar den Übertragungszyklus des Erregers, verdeutlicht jedoch nicht, daß die Tochterknolle während der letzten Phase des Produktionsprozesses in der technologischen Kette Erntemaschine — Transportgerät — Aufbereitungsanlage — Lagerhalle einer besonderen Infektionsgefährdung und Belastung ausgesetzt ist (Abb. 29). Hierbei bestehen viele Möglichkeiten für Sekundärinfektionen.

Die Infektkette kann auch — zeitlich begrenzt — einen Wirtswechsel einschließen. So beim Feuerbrand. Der Krankheitserreger kann zeitweilig auf anderen Rosaceen wie *Crataegus* spec. wachsen, um von hieraus wieder auf Birnen übertragen zu werden. In Europa sind *Crataegus*-Arten wichtige Wirte für *Erwinia amylovora*. Ein derartiger Wirtswechsel ist jedoch fakultativ und nicht identisch mit den meist obligaten heterogenen Infektketten bei einigen Mykosen (Getreiderost).

Die oben genannten Beispiele haben gezeigt, daß als Infektionsquellen in erster Linie erkrankte Pflanzenorgane in Betracht kommen:

Sflanzgut (Knollen)
Pamen
Sproß- und Wurzelabschnitte
Früchte.

Sie sind in der Regel die Ausgangsherde für bakterielle Infektionen. Das soll im folgenden an weiteren Beispielen verdeutlicht werden.

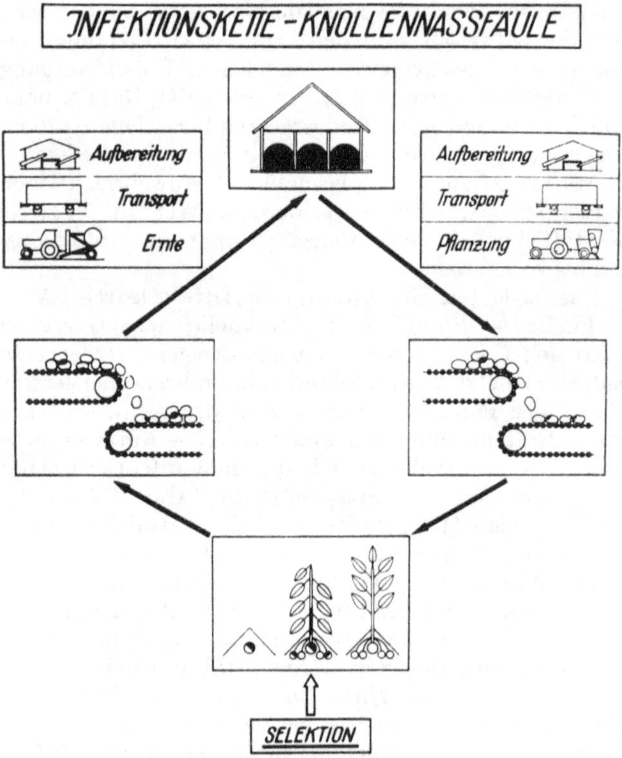

Abb. 29. Infektionskette von *Erwinia carotovora* var. *atroseptica* unter den Bedingungen einer industriemäßigen Kartoffelproduktion

Erwinia carotovora var. *atroseptica* kann am Pflanzgut vom Herbst bis zum Frühjahr überdauern und – wie bereits erwähnt – von der infizierten Mutterknolle aus in die oberirdischen Pflanzenteile eindringen.

Häufig werden Bakteriosen mit dem Saatgut übertragen. Dies trifft z. B. für *Pseudomonas syringae*/Pathotyp *P. lachrymans*, den Erreger der „Eckigen Blattflekken“-Krankheit der Gurke, den Pathotyp *P. phaseolicola*, den Erreger der Fettfleckenkrankheit der Bohne, und *Xanthomonas campestris*, den Erreger der Adernschwärze des Kohls, zu. Die pathogenen Bakterien haften häufig der Samenschale äußerlich an oder sind meist außerdem zwischen Samenschale und Endosperm lokalisiert (*Corynebacterium michiganense*) bzw. in das Gewebe eingedrungen, so z. B. in Plazenta und Funikulus bei *Pseudomonas syringae*/Pathotyp *P. lachrymans*. Erstaunlich ist die oft lange Lebensdauer der Bakterien in Samen. So soll z. B. *Xanthomonas campestris* 3 Jahre im Samen lebensfähig bleiben, *Corynebacterium flaccumfaciens* sogar 20 Jahre in Bohnensamen überdauern.

Die Übertragung von Bakterien von Organteilen, besonders von Sproßabschnitten, auf andere Pflanzenteile, ist in zweierlei Hinsicht häufig: Bei feuchter Witterung entstehen Aussonderungen meist im Bereich nekrotisierten Gewebes, die Bakterien in hoher Konzentration angereichert haben (s. Abb. 12). Von hier aus gelangen die Erreger durch Regen und Wind, mechanische Berührung und auch durch Insekten auf Nachbarpflanzen und Pflanzen geringerer Entfernung. Für *Erwinia amylovora* werden auch Schleimfäden beschrieben, die vom Wind über größere Entfernungen transportiert werden.

Außerordentlich gefährlich, weil nicht immer äußerlich erkennbar, ist die Verbreitung der Bakterien durch systemisch infizierte Sproßabschnitte. Dies erfolgt bei Stecklingen von erkrankten Mutterpflanzen (z. B. *Corynebacterium fascians* bei Pelargonie) oder beim Ausgeizen von Seitentrieben z. B. bei *Corynebacterium michiganense*-kranken Tomatenpflanzen. Kranke Organteile einschließlich infizierten Wurzelabschnitten und Pflanzenresten sind überhaupt wichtige Reservoire für Bakterien. Sie ermöglichen, daß die Keime längere Zeit im Boden überdauern. Von hier nehmen oft Neuinfektionen ihren Ausgang. Besonders dann, wenn Kulturarten aufeinanderfolgen, die für den Erreger gleichermaßen Wirte sein können. Dies trifft z. B. zu für *Erwinia carotovora* var. *atroseptica*, wenn Kohl und Kartoffel nacheinander angebaut werden, oder für *Agrobacterium tumefaciens*, wenn anfällige Obstarten am gleichen Standort wechseln.

Die Verbreitung des Erregers mit der Frucht hat dann Bedeutung, wenn sie als Saatgut verwendet (Getreide) oder zur Samengewinnung genutzt wird. Für die Fernübertragung hat der Fruchtim- und -export insofern Gewicht, als mit ihm über Ländergrenzen hinweg Krankheitskeime verbreitet werden können.

Sekundär können Arbeitsgeräte u. a. Maschinen, Messer, Transportkisten und auch Mensch und Tier Keimträger sein. So konnte am Beispiel von *Erwinia carotovora* var. *atroseptica* bei der Kartoffel deutlich gemacht werden, daß dieser Erreger auf Maschinen und anderen Werkstoffen jedoch nur begrenzt lebensfähig ist und daß diese Arbeitsmittel als direkte Infektionsquellen kaum für die unmittelbare Übertragung des Krankheitskeims Bedeutung haben. Im Gegensatz dazu wird z. B. *Corynebacterium michiganense* beim Ausschneiden der Seitensprosse der Tomate mit dem Schnittmesser am häufigsten übertragen.

Viele Bakteriosen werden durch Tiere weiterverbreitet. Unter diesen Vektoren haben die Insekten die größte Bedeutung, aber auch Warmblütler können als Keimüberträger wirken. Für die Infektion einer Pflanze durch pathogene Bakterien sind Vektoren in zweifacher Hinsicht von Bedeutung:

1. Die Krankheitserreger können am Tier haften und werden auf diese Weise von kranken Pflanzen auf gesunde übertragen.

So wird z. B. der Erreger des Feuerbrandes, *Erwinia amylovora*, unter anderem durch Nektar sammelnde Bienen von Blüte zu Blüte weitergetragen. Ein anderes Beispiel für diese Art der Weiterverbreitung ist die Fruchtfliege *Drosophila melanogaster*, die nach neueren Untersuchungen die bakterielle Knollennaßfäule der Kartoffeln in Lagerhäusern übertragen kann.

2. Beißende und saugende Insekten schaffen zusätzlich Wunden und damit Eintrittspforten für den am Tier-

körper haftenden oder durch Regen und Wind von außen auf die Pflanze auftreffenden Krankheitserreger.

Durch Untersuchungen bei der Honigbiene wurde festgestellt, daß diese beim Saugvorgang Zellen von *Erwinia amylovora* aufnimmt, die dabei in den Darmtrakt gelangen. Der Mitteldarm war nach 24 Stunden bei 66% der Probetiere verseucht; die Kotblase enthielt allerdings nur noch bei 6% der untersuchten Bienen lebende *E. amylovora*-Zellen (Abb. 30). Eine Ausscheidung und damit Übertragung des Feuerbranderregers durch Exkremente war nicht nachweisbar.

Andererseits können *E. amylovora*-Zellen von innerlich kontaminierten Bienen in den Honigvorrat des Stockes eingetragen werden, wodurch eine Weiterverbreitung

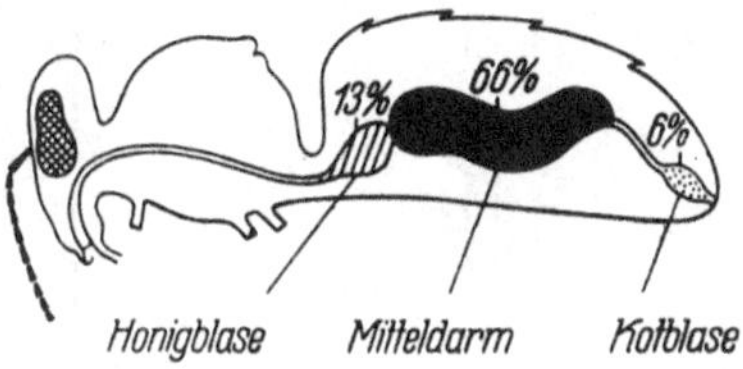

Abb. 30. Isolierung von *Erwinia amylovora* aus dem Verdauungstrakt der Biene; 24 Stunden nach Aufnahme der Futterlösung (Angaben in Prozent der untersuchten Darmabschnitte)

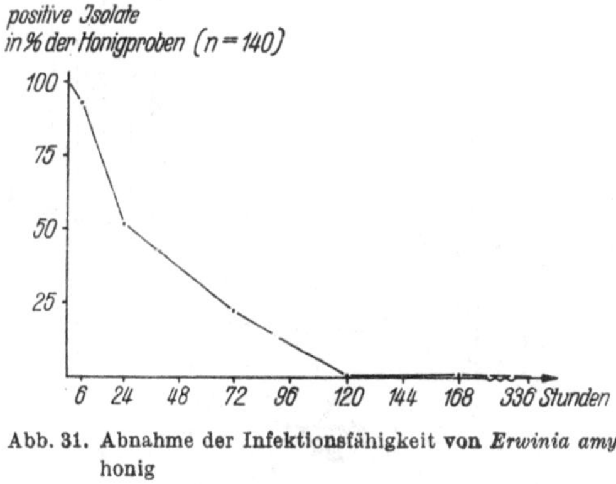

Abb. 31. Abnahme der Infektionsfähigkeit von *Erwinia amylovora* im Bienenhonig

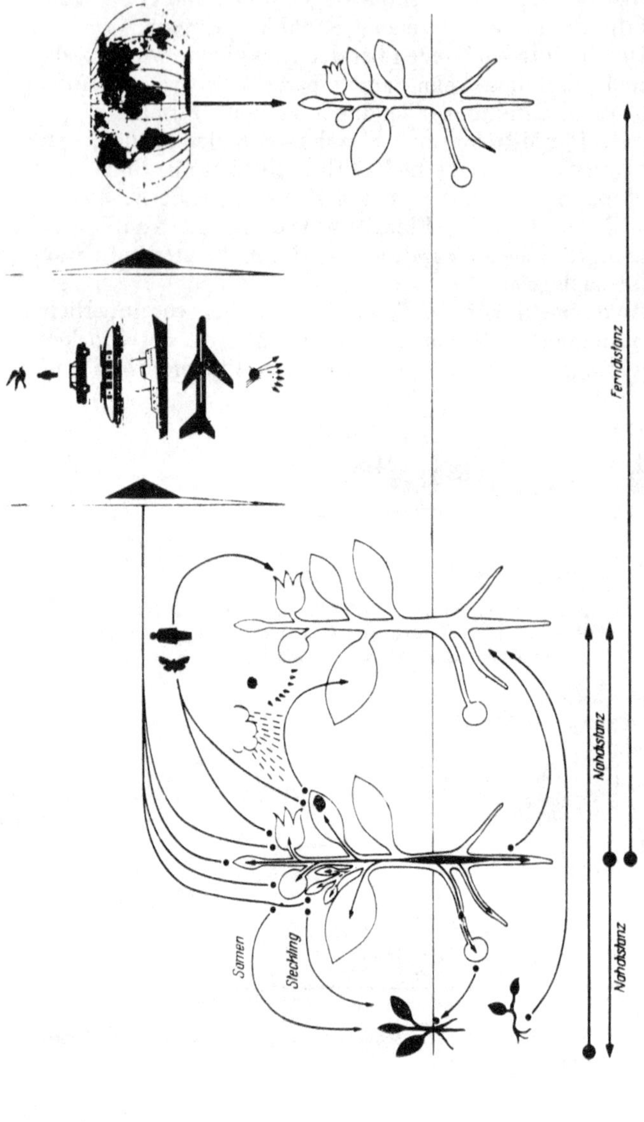

Abb. 32. Schematische Darstellung der Übertragung und Ausbreitung pflanzenpathogener Bakterien

möglich ist. Die Gefahr einer Verschleppung besteht allerdings nur für wenige Tage, da der Erreger im Honig innerhalb kurzer Zeit abstirbt (Abb. 31). In Befallsgebieten wird durch eine Wandersperre die Ausbreitung der Krankheit durch kontaminierten Honig unterbunden.

Ein viel diskutiertes Problem ist die Übertragung von *Erwinia amylovora* durch Vögel. Es wird z. B. angenommen, daß mit dem Vogelzug *Erwinia amylovora* in Europa von West nach Ost verbreitet wird. Ausführlich wird darauf im Kapitel 7 eingegangen.

Von geringerer Bedeutung sind Nematoden und Milben als Überträger von Bakterien.

Im Boden sind — mit Ausnahme von Streptomyzeten und *Agrobacterium* spp. — Bakterien nur begrenzt lebensfähig, es sei denn auf Pflanzenresten. Die Verbreitung der Bakterien über die Beregnung hat im Vergleich mit anderen Formen der Ausbreitung untergeordnete Bedeutung.

Diese Beispiele zeigen, daß die Übertragung und Ausbreitung von pflanzenpathogenen Bakterien meist von infizierten Pflanzenteilen bzw. vom Samen ausgeht (Abb. 32). Hohe Luftfeuchte und warme Temperaturen fördern den Krankheitsprozeß und häufig auch die Verbreitung der Keime. Auf die großräumige geographische Verbreitung pflanzenpathogener Bakterien und auf die „Seuchenzüge" wird in Kapitel 5 eingegangen.

5. Geographische Verbreitung

Viele phytopathogene Bakterien sind Kosmopoliten, d. h. sie treten in allen (oder sehr vielen) Gebieten der Erde auf. Hierzu gehören z. B. neben den beiden Varietäten von *Erwinia carotovora* mehrere Pathotypen von *Pseudomonas syringae* (wie *P. tabaci*, *P. lachrymans*) und *Xanthomonas campestris* (wie *X. juglandis*, *X. phaseoli*) sowie *Agrobacterium tumefaciens*. Andere Erreger sind — vielfach in Abhängigkeit vom Areal ihrer Wirtspflanzen

— nur auf bestimmte Gebiete der Erde bzw. Klimazonen beschränkt. Als Beispiele seien hier *Pseudomonas solanacearum* (an Kartoffel), *P. glycinea* (an Baumwolle) oder *Xanthomonas oryzae* (an Reis) genannt.

Geht man von der Verbreitung und Intensität bakterieller Krankheiten aus, läßt sich die verbreitete Auffassung, daß pflanzenpathogene Bakterien hauptsächlich in subtropischen und tropischen Zonen, weniger dagegen in gemäßigten Klimabereichen von Bedeutung sind, durch zahlreiche Beispiele belegen. Zieht man jedoch die Ausbreitung einiger Bakteriosen in den letzten zwei Jahrzehnten im europäischen Raum, so z. B. die des Erregers des Feuerbrandes, *Erwinia amylovora*, die ständig zunehmende Ausbreitung von *Pseudomonas syringae* in Obstbeständen, von *Erwinia*-Arten in Kartoffel- und Kohllagern und die dadurch entstehenden hohen Verluste in Betracht, so scheint eine Änderung der bisherigen Anschauung geboten zu sein.

Die bei vielen Bakterien in den letzten Jahren beschriebene Erweiterung ihrer Befallsgebiete entsprach wohl weniger objektiven Gegebenheiten, sondern war meist das Ergebnis intensiverer Forschungen. Jedoch sind auch Beispiele der Einschleppung von phytopathogenen Bakterien in bisher befallsfreie Gebiete bekannt geworden, wie sie auch bei anderen Erregergruppen oder Schädlingen immer wieder vorgekommen sind. Eine derartige Ausdehnung des Krankheitsareals kann durch befallenes Pflanzgut oder Pflanzenteile, infizierte Samen, kontaminiertes Verpackungsmaterial oder weiträumige Luftströmungen bedingt sein, worauf bereits bei der Behandlung der Übertragungsmechanismen eingegangen wurde (Kap. 4). Für einige bakterielle Erkrankungen sind zudem, wie wir dabei gesehen haben, Tiere — zumeist Insekten, aber auch Vögel — als Vektoren nachgewiesen worden. Auf einige derartige Beispiele (*Erwinia amylovora* an Obst, *E. carotovora* sowie mehrere *Pseudomonas syringae*-Pathotypen an den verschiedensten Kulturpflanzen u. a.) wird weiter unten näher eingegangen.

Eine Ausdehnung des Verbreitungsgebietes durch befallenes Pflanzgut wurde bei der von *Corynebacterium sepedonicum* verursachten, zu Beginn unseres Jahrhunderts im damaligen Deutschland erstmalig beschriebenen Bakterienringfäule der Kartoffel festgestellt. Sie konnte in den zwanziger und dreißiger Jahren in einer Reihe europäischer Länder nachgewiesen werden. Im Jahre 1931 trat dieser Erreger erstmals in Kanada und 1932 in den USA auf, wohin er mit Kartoffelmaterial aus Europa verschleppt wurde und wo er sich sehr schnell ausbreitete. Bereits nach 8 Jahren wurden 37 Staaten der USA als befallen gemeldet.

Sehr genau kann die weltweite Ausbreitung des Feuerbrandes, einer wirtschaftlich bedeutsamen Krankheit des Kernobstes, verfolgt werden. Diese von *Erwinia amylovora* verursachte Bakteriose wurde erstmals im Jahre 1780 im Hochland des Hudson in Nordamerika beobachtet (Abb. 33). Sie breitete sich von da aus weiter aus und erreichte bis 1888 die West- und bis 1915 die Ostküste der USA. Die Südprovinzen Kanadas wurden erst in diesem Jahrhundert befallen (1904 Ontario; 1955 New Brunswick). Damit hatte sich der Erreger innerhalb von $1^1/_2$ Jahrhunderten in ganz Nordamerika ausgebreitet.

Das erste Auftreten des Feuerbrandes außerhalb Nordamerikas wurde 1903 von der japanischen Insel Schikoko gemeldet, wohin er vermutlich durch infiziertes Baumschulmaterial über den Pazifik gelangte. Im Jahre 1919 wurde der Erreger an Birnen, Äpfeln, Quitten und Weißdorn auf der neuseeländischen Insel Auckland festgestellt. 1930 trat er auch auf die Südinsel über. Aus China wurde über sein Auftreten erstmals 1933 berichtet. Weitere Krankheitsherde wurden 1968 in Mexiko, 1954 in Jordanien, 1959 in Chile, 1962 in Ägypten, 1967 in Guatemala, 1965 in Südvietnam und 1972 in der Türkei festgestellt.

In Europa trat der Feuerbrand erstmals 1957 in einer Birnenanlage in der Grafschaft Kent im Südosten Englands auf, wohin er wahrscheinlich mit infiziertem Pflan-

Abb. 33. Weltweite Ausbreitung von *Erwinia amylovora* seit dem Jahre 1780 (modif. nach GORLENKO)

zenmaterial oder kontaminierten Obstkisten aus Neuseeland oder Amerika verschleppt wurde.

Bis 1969 breitete sich der Befallsherd in Südostengland immer weiter aus und führte zu großen Ausfällen in den Birnen- und Apfelbeständen. Im selben Jahr wurde ein isoliertes Auftreten an Weißdorn in Südwales festgestellt. Auf dem europäischen Festland faßte der Feuerbrand erstmals 1966 Fuß, und zwar gleichzeitig in den Niederlanden und in der VR Polen. Das isolierte Auftreten in Ostmitteleuropa rührte wahrscheinlich von infiziertem Baumschulmaterial aus England her. Als weitere Befallsländer folgten 1968 Dänemark, 1971 die BRD (Schleswig-Holstein insbesondere die nordfriesischen Inseln) und 1972 Belgien. Im Jahre 1972 zeigten sich auch an der Ostseeküste der DDR an Weißdorn einzelne Herde, die jedoch wieder gelöscht werden konnten.

Für die Fernübertragung von *Erwinia amylovora* kommen neben befallenem Baumschulmaterial auch Vögel (speziell Stare und Drosseln) als Vektoren in Betracht. Für die Ausbreitung des Feuerbrandes in Europa ist das ausschließliche Vorkommen im Küstenbereich charakteristisch. Ob hier besonders günstige Infektionsbedingungen herrschen, müssen zukünftige Untersuchungen zeigen. Bisher gibt es zwei Hypothesen zur Erklärung der Feuerbrandausbreitung von Südost-England auf das europäische Festland.

Die eine besagt, daß die Übertragung des Erregers durch Stare während ihrer Migration im Frühling von England zu ihren baltischen und sibirischen Brutplätzen erfolgte und erfolgt. Nach dieser Hypothese ist der Feuerbrand von Großbritannien nach Dänemark durch Stare verschleppt worden, die in der Grafschaft Kent überwintern und im Frühjahr nach den Anliegerländern der Ostsee ziehen, wo sie die holländischen Küstenstriche, die der BRD, die Halbinsel Jütland und die dänischen Inseln überfliegen. Die Stare übernachten sowohl im Schilf als auch in Weißdornbüschen. Die Stare benötigten zwei Tage, um die Entfernung zwischen Kent und Dänemark zurückzulegen. Es wird vermutet, daß diese Vögel mit ihrem

Schnabel oder ihren Füßen Bakterien transportieren. Die Blütezeit des Weißdorns und der Obstbäume liegt in Südengland um 4 Wochen früher als in Dänemark. Bevor die Stare Kent verlassen, entwickelt sich bereits die Krankheit und auf den Bäumen ist ein ausreichendes Inokulum vorhanden. Bei ihrer Ankunft in Dänemark, wo die Bäume zu diesem Zeitpunkt noch nicht blühen, picken die Stare bei der Nahrungssuche an den Blütenknospen und infizieren auf diese Weise die Bäume, auf denen sie sitzen.

Der Erreger kann sich auch mit Hilfe von Schleimfäden, die eine besondere Form von Exsudatbildung darstellen und eine Länge von 1 mm bis mehreren Zentimetern erreichen können, über große Entfernungen ausbreiten. Auf dieser Erscheinung beruht die zweite Hypothese.

Diese Exsudatfäden werden in kleine Bruchstücke zerlegt und können, wie auch kontaminierte Insekten, als Windfracht vor Gewitterfronten bei Westwind mehrere hundert Kilometer zurücklegen und in Küstennähe durch Fallwinde wieder zur Erde gelangen.

Als letztes Beispiel mit einer beträchtlichen Ausweitung ihres Befallsgebietes sei eine aus Indien beschriebene, von *Corynebacterium tritici* verursachte Weizenkrankheit angeführt. Diese Bakteriose ist vermutlich mit Saatgut nach Ägypten verschleppt worden, wo sie, begünstigt durch die dortigen Witterungsverhältnisse, größere Bedeutung erlangt hat als in Indien.

6. Schadensumfang

Den Bakteriosen mißt man bei den meisten Kulturpflanzen eine geringere wirtschaftliche Bedeutung bei als den Mykosen und Virosen. Die durch Bakterienkrankheiten hervorgerufenen Schäden sind je nach Anbaugebieten, Kulturpflanzen und Jahren unterschiedlich groß und hängen sehr stark von den angewandten Kulturverfahren und den Witterungsbedingungen ab. Im allgemeinen werden Bakteriosen durch feuchtwarmes Wetter, vor allem bei gleichzeitigem Wind, stark gefördert, während Trockenperioden ihre Entwicklung und Ausbreitung verhindern.

In der DDR werden die durch Bakterienkrankheiten verursachten Mindererträge auf etwa 3% der parasitär bedingten Ertragsverluste und die durch sie hervorgerufenen finanziellen Einbußen auf rund 75 Mio Mark pro Jahr geschätzt. Bei bestimmten Kulturen können ganz beträchtliche Schäden eintreten, wie die folgenden Beispiele zeigen. Mit der Einführung vollmechanisierter Ernte- und Aufbereitungsverfahren nahm zum Beispiel in der DDR der von *Erwinia carotovora* var. *atroseptica* verursachte Naßfäulebefall in den Kartoffellagern erhebliche Ausmaße an, wodurch große Lagerverluste entstanden. So betrug 1968/69 der Naßfäulebefall in ausgewählten Speisekartoffellagerhäusern 4,1%, 1969/70 lag er bei 3,6% und 1970/71 bei 14,1%. Der vom selben Bakterium verursachte Schwarzbeinigkeitsbefall an Kartoffeln betrug im Mittel der Jahre 1969 bis 1972 6,3%.

Die durch die von *Corynebacterium sepedonicum* hervorgerufene Bakterienringfäule bei Kartoffeln verursachte 1955 in den USA Verluste in Höhe von 10–15%. Allein in einem USA-Staat wurde 1940 der Schaden auf 250000 Dollar geschätzt.

Im Krasnojarsker Gebiet der UdSSR wurden Ertragsverluste von etwa 50% beim Auspflanzen infizierter Knollen ermittelt. Auf Grund der erforderlichen Abwehr- und Hygienemaßnahmen gegenüber diesem, in vielen Ländern unter Quarantäne stehenden Erreger können erhebliche indirekte Kosten entstehen. Sie betrugen z. B. in Schweden für die ersten zwei Jahre nach der Befallsfeststellung 450000 Kronen.

Wirtschaftliche Schäden großen Ausmaßes verursacht der Erreger des Feuerbrandes, *Erwinia amylovora*. Dabei ergibt sich der durch Feuerbrandbefall entstehende Schaden einmal aus dem Ertragsausfall und aus dem Verlust an Obstbäumen, zum anderen aus den erforderlichen Rodungskosten. Darüber hinaus zwingen landeskulturelle

Gesichtspunkte, wie Küsten- und Windschutz, zur schnellen Ersatzpflanzung für beseitigte Weißdornhecken, was zusätzliche Kosten verursacht.

So verminderte sich in Kalifornien auf Grund katastrophalen Feuerbrandbefalls im Zeitraum von 1900 bis 1910 der Gesamtbestand an Birnbäumen um 28%. 1923 wurde in demselben USA-Staat ein Schaden von 2 Millionen Dollar errechnet, der sich aus dem Roden infizierter Bäume und Entfernen vorhandener Infektionsherde und den Ernteeinbußen ergab.

In England wurden allein bis 1967 20000 Birnbäume gerodet; das ist der Bestand von etwa 40 ha Birnenanlagen. Dazu kommen etwa 14500 Weißdornbüsche, 2000 *Cotoneaster*- und 2000 *Pyracantha*-Büsche. In den Niederlanden wurden etwa 8 ha Birnenplantagen sowie etwa 21 km Weißdornhecken gerodet und ungefähr 175000 Weißdornbüsche verbrannt. In Dänemark beliefen sich 1968 allein die Schadenersatzzahlungen der Regierung für Zwangsrodung befallener Pflanzen auf ca. 2 Mio. Kronen. Bereits 1969 wurde die angeordnete Rodungspflicht wieder aufgehoben, da trotz der Rodung von etwa 40 ha Obstanlagen der Erreger sich weiter ausbreitete und allein die erforderlichen Entschädigungssummen die des Jahres 1969 weit überstiegen hätten.

In der BRD wurden im Jahre 1971 18000 Pflanzen gerodet. Die Gesamtkosten der Aktion beliefen sich auf 350000 DM. Für das Roden und Verbrennen wurden 11500 Arbeitsstunden benötigt, davon entfielen 1600 auf Bagger- und 3000 auf Transportarbeiten. Im Jahre 1972 mußten abermals etwa die gleichen Geldsummen aufgebracht werden.

Die durch *X. campestris*/Pathotyp *X. juglandis* 1926 in Kalifornien verursachten Verluste an Walnüssen wurden auf 60% der Normalernte geschätzt. Durch *Xanthomonas campestris* am Kohl bewirkte Ertragsminderungen betrugen Anfang unseres Jahrhunderts in den Niederlanden 80%, 1950 wurde aus der Krasnodarer Region in der UdSSR etwa die gleiche Ertragseinbuße gemeldet.

Das von *Pseudomonas syringae*/Pathotyp *P. tabaci* ausgelöste Wildfeuer des Tabaks gehört zu den bedeutsamsten Infektionskrankheiten des Tabaks. Im unbehandelten Saatbett gehen häufig bis zu 50% der Pflanzen an dieser Bakteriose zugrunde.

Nicht unbeträchtlich ist der Schaden, den Bakteriosen durch Verminderung der Qualität verursachen. So sinkt z. B. der Speisewert von Tomaten bei Befall durch *Corynebacterium michiganense*, von Gurken durch Befall mit *Pseudomonas syringae*/Pathotyp *P. lachrymans* oder von Kartoffeln durch *Streptomyces scabies*. Auch die Saat- und Pflanzgutqualität kann sich bei Bakterienbefall verschlechtern, wie es beispielsweise bei Gurken- und Getreidesaatgut bei Infektion mit *P. syringae*/Pathotyp *P. lachrymans* bzw *X. campestris*/Pathotyp *X. translucens* der Fall ist. Bei Befall des Tabaks im Freiland durch Wildfeuer tritt neben den Ertragsverlusten, die 20–80% ausmachen können, eine wesentliche Verschlechterung der Qualität der fleckenkranken Blätter ein. Die Erreger der Bakterienringfäule und der Schwarzbeinigkeit der Kartoffeln, *Corynebacterium sepedonicum* bzw. *Erwinia carotovora* var. *atroseptica*, setzen wesentlich den Pflanzgutwert von Kartoffeln herab.

Diese Beispiele ließen sich noch beliebig vermehren. Aus dieser Übersicht wird deutlich, daß Bakteriosen bei bestimmten wichtigen Kulturen, wie Kartoffeln oder Obst, Ertragseinbußen großen Ausmaßes verursachen können, wenn auch ihre Bedeutung – bezogen auf alle Kulturarten – hinter der der Mykosen und Virosen zurücksteht.

7. Diagnose

Wie bereits in der Einleitung, insbesondere im Abschnitt 1.6., erwähnt wurde, sind z. Z. etwa 200 Bakteriosen bekannt geworden. Etwa 10 von ihnen haben auch für unseren geographischen Raum größere wirtschaftliche Bedeutung. Die Erkennung und der Nachweis einer bakteriellen Erkrankung ist oft auf Grund des Krankheitsbildes allein nicht möglich. Für die Anwendung geeigneter und gezielter Bekämpfungsmaßnahmen benötigt man aber eine zuverlässige Kenntnis der Krankheitsursache. Das trifft auch für die Bakteriosen zu. Im vorliegenden Abschnitt sollen daher die zur Erkennung eines Bakterienbefalls und zur Identifizierung bakterieller Erreger wichtigen Merkmale besprochen werden.

Es ist dabei zunächst davon auszugehen, daß die morphologischen Unterschiede zwischen den Erregerarten gering und nur mit besonderen Hilfsmitteln (mittels Licht- oder Elektronenmikroskop oder durch Anwendung von Färbemethoden) überhaupt erfaßbar sind. Sie reichen überdies nur zur Unterscheidung der Gattungen, aber keinesfalls zur Diagnose der Arten aus. Auf diese Tatsache wurde bereits im Kapitel 1. eingegangen. Andererseits ist eine zutreffende Bestimmung der bakteriellen Erreger nur dann möglich, wenn die morphologischen Merkmale bekannt sind. Denn nur die morphologischen und physiologischen Besonderheiten eines Bakteriums in ihrer Gesamtheit gestatten seine genaue Identifizierung.

7.1. Vorgehen bei der Erkennung einer Bakteriose

Zur Untersuchung von krankem Pflanzenmaterial, bei dem der Verdacht besteht, daß eine Bakteriose als Krankheitsursache in Betracht kommt, stehen im allgemeinen 3 Verfahren zur Verfügung:

— die genaue Symptomanalyse
— die mikroskopische Analyse und
— die Isolierung und nähere Untersuchung des Erregers

Die ersten Hinweise auf die mögliche Ursache einer Pflanzenkrankheit ergeben sich aus dem Krankheitsbild. Welche Symptome im Falle der Bakteriosen zu erwarten sind, wurde in Abschnitt 2. ausführlich behandelt.

Nur in seltenen Fällen ist ein sicheres Ansprechen des Erregers allein auf Grund der Symptome möglich. Man ist deshalb meist gezwungen, weitergehende Untersuchungen anzustellen. Hierzu ist die Herstellung von mikroskopischen Präparaten aus den befallenen Pflanzenteilen notwendig, wofür man am zweckmäßigsten die Übergangsstellen zwischen krankem und gesundem Gewebe verwendet. Diese mikroskopischen Untersuchungen müssen in der Regel an frischem Material durchgeführt werden. Längere Zeit feucht gelagertes Pflanzenmaterial gestattet keine zuverlässigen Aussagen. Findet man in frisch geschnittenen Pflanzenorganen auf diese Weise größere und dichte Ansammlungen von Bakterienzellen, so ist in Verbindung mit den beobachteten Krankheitserscheinungen und der jeweiligen Kulturpflanzenart vielfach bereits eine sichere Erkennung der Krankheitsursache möglich (Abb. 34).

Dieses Verfahren kann durch Anfärbung der mikroskopischen Präparate, etwa mit Karbolthionin-Orange G,

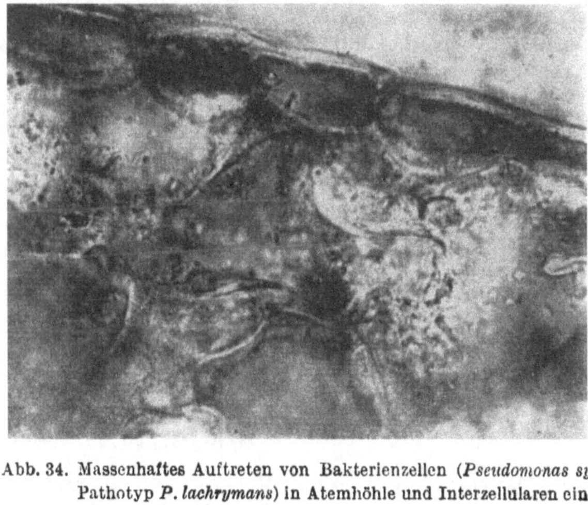

Abb. 34. Massenhaftes Auftreten von Bakterienzellen (*Pseudomonas syringae*/Pathotyp *P. lachrymans*) in Atemhöhle und Interzellularen eines Gurkenblattes (Frischpräparat)

noch vervollkommnet werden. Man erzielt damit eine bessere Erkennung der Bakterienzellen im Gewebe.

In einigen Fällen können jedoch an einer Kulturpflanze mehrere Bakteriosen mit ähnlichen Symptomen auftreten, etwa bei der Kartoffel, bei manchen Gemüsearten, beim Hafer etc. Unter diesen Umständen ist man gezwungen, eine Isolierung der Bakterien aus den befallenen Pflanzenorganen vorzunehmen. Im Anschluß daran müssen die morphologischen und physiologischen Merkmale der isolierten Bakterien festgestellt werden. Dabei kommt es vor allem darauf an, deren Fähigkeit zu untersuchen, bei künstlicher Infektion dieselben Symptome an den entsprechenden Kulturpflanzen hervorzurufen wie bei natürlichem Befall (Kochsches Postulat).

Die wichtigsten, für die genaue Identifizierung bakterieller Erreger notwendigen Merkmale werden in den nachfolgenden Abschnitten besprochen. Meist ist es notwendig, alle aufgeführten Kriterien zu ermitteln, um eine sichere Diagnose zu erarbeiten. Zur Absicherung der dabei erhaltenen Ergebnisse bzw. zur Abkürzung des Diagnoseweges können vielfach auch serologische Nachweismethoden bzw. das Verfahren der Phagentypisierung eingesetzt werden.

7.2. *Zell- und Koloniemorphologie*

Wie sich aus den in Kapitel 1. behandelten Tatsachen ergibt, lassen sich die phytopathogenen Bakterien nach ihrer Zellform im wesentlichen 3 verschiedenen Typen zuordnen:

kurzen Stäbchen (z. B. *Pseudomonas*-, *Xanthomonas*-, *Erwinia*-Arten)
langen Stäbchen (z. B. manche *Bacillus*-Arten)
unterschiedlich geformten Zellen (z. B. *Corynebacterium*- und *Rhizobium*-Arten).

Dieses Merkmal liefert nur in Verbindung mit anderen Kriterien brauchbare Hinweise für die Identifizierung.

Eine notwendige Ergänzung stellt hierbei die Ermittlung der genauen Zellgröße dar, dies ist z. B. für die Unterscheidung von Kurz- und Langstäbchen unerläßlich.

Ganz besonders wichtig zur Differenzierung der verschiedenen Erreger ist das Merkmal Beweglichkeit. Es läßt sich auf verschiedenen Wegen – beispielsweise im „hängenden Tropfen" – ermitteln und dient zur raschen Erkennung unbeweglicher Arten (z. B. aus der Gattung *Corynebacterium*).

Für die genauere Zuordnung der beweglichen Typen zu bestimmten Gattungen benötigt man eine exakte Kenntnis der Begeißelungsform. Hierbei steht zunächst wieder die Unterscheidung von unbegeißelten (= unbeweglichen) und begeißelten Formen im Vordergrund. Mit Hilfe dieses Merkmals ist darüber hinaus aber eine gute Differenzierung zwischen polar und lophotrich begeißelten *Pseudomonas*- bzw. den monopolar begeißelten *Xanthomonas*-Arten einerseits und den peritrichen *Erwinia*-Arten andererseits möglich. Im Gegensatz zu den vorgenannten Merkmalen läßt sich aber die Art der Begeißelung nur sehr schwierig feststellen. Hierzu werden verschiedene Färbeverfahren oder eine elektronenoptische Untersuchung empfohlen.

Nicht ganz ohne Probleme ist auch die Ermittlung des Gramfärbungsverhaltens. Wie bereits eingangs (Kap. 1.1.) betont wurde, handelt es sich dabei um die Ermittlung von Unterschieden in der Zellwandzusammensetzung und -struktur, die für die Bakteriendiagnose besonders gut nutzbar sind. Grampositiv reagierende phytopathogene Bakterien sind nämlich bislang nur aus den Gattungen *Bacillus* und *Clostridium* und vor allem *Corynebacterium* bekannt geworden, während die anderen Gattungen mit pflanzenpathogenen Arten durchweg gramnegativ reagieren.

Die bislang aufgeführten Merkmale sind jeweils für große Gruppen von Bakterien charakteristisch und dienen der Feststellung der Gattungszugehörigkeit von Bakterienisolaten. Dies gilt weitgehend auch für die Ermittlung der Koloniemorphologie. Unter dem Begriff Koloniemorphologie sind Form und Farbe der Bakterienkolonien auf festen Nährmedien zu verstehen. Es ist allerdings darauf hinzuweisen, daß es sich hier um ein Merkmal handelt, das von Substrat zu Substrat und von Art zu Art innerhalb einer Gattung wechseln kann. Dieses Kriterium ist auch nicht immer für alle Vertreter einer Art einheitlich und kann daher meist — von bestimmten Hauptunterschieden abgesehen (Farbstoffbildung!) — nur als Zusatzinformation bei der Artdiagnose eingesetzt werden. Es ist daher wichtig, stets genau zu beachten, auf welchem Medium die jeweiligen Merkmale festzustellen sind, um Irrtümer in der Bestimmung von vornherein zu vermeiden.

Die Mikroorganismenkolonien können

flach oder ± konvex wachsen oder ein erhöhtes Zentrum aufweisen;

der Kolonierand kann

glatt oder wellenförmig verlaufen oder Ausläufer besitzen.

Ein wichtiges Charakteristikum für die Bakterienkolonie ist ihre Färbung. Es gibt hierbei verschiedene Abstufungen zwischen den Kolonien. Die Einzelkolonien können

hyalin (= transparent) oder weiß, cremeartig, braun, gelb, rot bzw. blau gefärbt sein;

bei einigen nicht phytopathogenen Bakterienarten kommen auch violette, orange und grüne Pigmente vor. Cremeartige Kolonien besitzen beispielsweise viele *Pseudomonas-*, *Erwinia-* und *Bacillus*-Arten und gelbe Färbung ist für die *Corynebacterium-* und *Xanthomonas*-Kolonien und manche *Erwinia*-Arten typisch.

Neben diesen nicht diffundierenden Pigmenten können von bestimmten Arten auch Farbstoffe ins Medium abgegeben werden. So bilden sehr viele *Pseudomonas*-Arten grün fluoreszierende Pigmente, die sich in das Nährsubstrat ausbreiten.

7.3. *Biochemisch-physiologische Merkmale*

Auf Grund der geringen morphologischen Unterschiede zwischen den verschiedenen Bakterienarten ist man genötigt, im großen Umfang physiologische Kriterien zur Identifizierung einzusetzen. Hierfür eignen sich spezielle Nährstoffansprüche und Stoffwechselaktivitäten besonders gut. Im folgenden sollen die für die Bestimmung phytopathogener Arten wichtigsten Unterscheidungsmerkmale aufgeführt und diskutiert werden.

Wir beginnen zunächst mit dem Bedarf an C-Quellen. Kohlenhydrate und andere C-haltige Substanzen sind die wichtigsten Grundlagen des Energiestoffwechsels der Organismen. Neben einigen leicht verwertbaren Mono- und Disacchariden, die von sehr vielen Bakterienarten als Energiequellen verwendet werden können, gibt es andere organische Verbindungen, die nur von bestimmten Bakterienarten angegriffen und abgebaut werden können. Solche Substanzen eignen sich daher gut zur Erkennung der entsprechenden Stoffwechselspezialisten. Die Fähigkeit zur Nutzung von Kohlenhydraten und anderen C-Quellen äußert sich infolge der Entstehung von Karbonsäuren in der Regel in Form einer Ansäuerung des Substrats. Diese Veränderung der H-Ionenkonzentration (pH-Wert) im Medium läßt sich durch Zusatz eines geeigneten pH-Indikators (z. B. Bromthymolblau, Phenolrot) sehr leicht feststellen. Bei einigen phytopathogenen Arten, z. B. aus der Gattung *Erwinia*, geht der Kohlenhydratabbau bis zur Bildung von gasförmigen Endprodukten (CO_2) weiter; auch dieses Kriterium ist für die Artdiagnose von Bedeutung. Sehr wichtig ist es, ob der Abbau der Kohlenhydrate oxidativ (bei O_2-Gegenwart) oder fermentativ (unter anaeroben Bedingungen) erfolgt; in vielen Fällen sind auch beide Abbauformen möglich. Diese Merkmale liefern wichtige Hinweise für die richtige Bestimmung von Bakterienisolaten. Gelegentlich dienen auch Sonderformen des Kohlenhydratabbaus zur Determinierung bestimmter Bakterien; z. B. bei *Agrobacterium*, das auf Laktose-haltigen Medien 3-Ketolaktose produziert.

Folgende C-Quellen werden für die Diagnose am häufigsten eingesetzt:

Monosaccharide	Disaccharide
Arabinose	Laktose
Galaktose	Maltose
Glukose	Raffinose
Mannose	Saccharose
Xylose	

Polysaccharide

Dextrin
Insulin

Alkohole	Glykoside
Dulzit	Aeskulin
Glyzerin	Salizin
Mannit	

Eine bei den Bakterien verbreitete Form der Energiegewinnung ist die Nitratreduktion. Dieser Prozeß verläuft nach der Formel

$$NaNO_3 + H_2 \rightarrow NaNO_2 + H_2O.$$

Das bei dieser Reaktion gebildete Natriumnitrit ($NaNO_2$) läßt sich mit Hilfe von Griess-Ilosvay'schem Reagens (Sulfanilsäure und α-Naphthylamin) einwandfrei nachweisen. Der Reduktionsprozeß setzt sich weiter fort und kann schließlich bis zum molekularen N_2 führen. Die Fähigkeit zur Nitratreduktion ist als ein wichtiges Merkmal für Diagnosezwecke anzusehen. Es gestattet vor allem innerhalb der Gattungen *Pseudomonas*, *Xanthomonas*, *Agrobacterium*, *Corynebacterium* und *Erwinia* eine Artdiagnose.

Die wichtigsten Substanzen des Aufbaustoffwechsels von Zellen sind Eiweißstoffe. Untersuchungen über die

Nutzung bestimmter schwer zugänglicher Peptide und Eiweiße liefern daher ebenfalls wichtige Kriterien für die Diagnose von Bakterienarten. Im wesentlichen sind hier 5 verschiedene Bestimmungsmerkmale zu nennen, die spezielle Fähigkeiten der Eiweißverwertung betreffen.

An erster Stelle sei die Fähigkeit zur Gelatine-Verflüssigung genannt. Dieses Kriterium ist relativ gut erfaßbar (mit Hilfe von Gelatinestichkulturen). Es dient vor allem zur Unterscheidung von verschiedenen *Pseudomonas*-, *Xanthomonas*- und *Erwinia*-Arten, wird aber auch in den Gattungen *Corynebacterium* und *Bacillus* zur Identifizierung benötigt.

Eine für phytopathogene Arten ebenfalls wichtige Stoffwechselaktivität ist die Ammoniak-Abspaltung aus Eiweißsubstanzen (Desaminierung). Der Nachweis erfolgt hierbei mit Hilfe von Neßlers Reagens, das spezifisch für NH_3 ist. Als Substrat wird in der Regel 1%iges Pepton verwendet.

Zahlreiche Bakterienarten sind in der Lage, S-haltige Eiweißstoffe unter H_2S-Bildung abzubauen. Dieses Stoffwechselprodukt wird meist mit Hilfe von Bleiazetat-Papier nachgewiesen. Als Substrat wird hierbei wiederum Pepton eingesetzt. Dieses Merkmal ist sehr wichtig bei der Identifizierung von Enterobacteriaceen-Gattungen und -Arten, dient aber auch zur Unterscheidung von *Pseudomonas*-Arten.

Aromatische Aminosäuren (z. B. Tryptophan) bzw. Eiweißverbindungen (z. B. tryptisches Pepton) bilden für einige Bakterienarten ein geeignetes Substrat zur Indol-Bildung. Der Nachweis des Indols gelingt in Gegenwart von konzentrierter HCl mit p-Dimethylaminobenzaldehyd. Diese Stoffwechselfähigkeit wird vor allem zur Differenzierung von Enterobacteriaceen (*Erwinia*) und *Pseudomonas*-Arten benutzt. Sie ist aber auch für die Diagnose von *Corynebacterium*- und *Bacillus*-Arten geeignet.

Ein komplexes Nachweisverfahren ist die Differenzierung der Bakterienisolate nach ihrem Verhalten auf

L a c k m u s m i l c h. Lackmusmilch enthält 5 für die Bakterienbestimmung wichtige Substanzen. Es sind dies
Laktose (in größerer Menge)
Glukose (nach der Sterilisation in kleinen Mengen)
2 Milchproteine (Laktalbumin; Kaseinogen)
Lackmus.

Bakterien, die nur Glukose verwerten können, bilden eine geringe Menge Säure, die eine schwache Rotfärbung der Lackmusmilch bewirkt. Wird auch die (in größeren Mengen vorhandene) Laktose verwertet, ist die Rotfärbung intensiver (stärkere Säurebildung!).

Greifen die Bakterien das Laktalbumin an, so entstehen NH_3 oder basische Amine, die die Lackmusmilch blau färben.

Die Zersetzung von Kaseinogen kann durch eine starke Milchsäureproduktion (aus der Laktose) eintreten und führt dann zur Koagulation auf enzymatischem Wege. Daneben besteht auch die Möglichkeit, daß Kasein als C-Quelle genutzt und abgebaut wird; auf diese Weise wird die Milch peptonisiert (d. h. durch hydrolytische Spaltung transparent). Das Verhalten auf Lackmus-Milch wird zur Artdiagnose u. a. bei der Gattung *Bacillus* benötigt.

Für die Bestimmung phytopathogener Bakterien sind noch 2 weitere Stoffwechselreaktionen von besonderem Interesse, nämlich

- die Azetylmethylkarbinol-Bildung (VOGES-PROSKAUER-Reaktion) und
- die Oxidation von Phenylen-diamin (Oxidase-Test nach KOVACS).

Für die erstgenannte Reaktion dient eine Glukose-Pepton-Lösung als Substrat. Diese Reaktion wird vor allem bei der Identifizierung von *Bacillus*- und Enterobacteriaceen-Arten benötigt.

Für den Nachweis der O x i d a s e - R e a k t i o n wird Tetramethyl-p-phenylendiamindihydrochlorid benutzt; im positiven Falle tritt eine Rotfärbung ein. Der Oxidase-Test eignet sich zur Unterscheidung verschiedener *Pseudomonas*-Arten.

7.4. Pathogenitätsmerkmale

Das für die Identifizierung und auch in wirtschaftlicher Hinsicht wichtigste Merkmal phytopathogener Bakterien ist ihre Fähigkeit, gesunde Pflanzen infizieren zu können (Aggressivität) und an ihnen Krankheitserscheinungen hervorzurufen (Pathogenität).

Durch das Merkmal Pathogenität lassen sich bakterielle Erreger sehr sicher von saprophytischen Bakterienarten unterscheiden. Dabei ist allerdings zu berücksichtigen, daß die Pathogenität in der Regel spezifisch ist, d. h. nur bei einigen wenigen Wirtspflanzenarten entstehen typische Krankheitserscheinungen. Demnach ist bei der Pathogenitätsprüfung die Wahl der Testpflanze (= Wirtspflanze) von wesentlicher Bedeutung. Hinzu kommt ein weiterer Gesichtspunkt.

Sehr viele phytopathogene Bakterien rufen unter bestimmten Bedingungen Veränderungen an einer großen Anzahl von höheren Pflanzen hervor, ohne daß sie unter natürlichen Verhältnissen spezifische Krankheiten an diesen Pflanzen verursachen können. Man muß deshalb typische und atypische Symptome unterscheiden (s. auch Kap. 2). Typische Symptome rufen pathogene Bakterien auf ihren spezifischen (kompatiblen) Wirtspflanzen hervor (z. B. *Pseudomonas, syringae*/Pathotyp *P. phaseolicola* auf Bohne, *P. syringae*/Pathotyp *P. tabaci* auf Tabak, *Corynebacterium sepedonicum* auf Kartoffel oder *Agrobacterium tumefaciens* auf Rosaceen). Atypische Symptome dagegen entstehen, wenn pathogene Bakterien (in hoher Konzentration) in für sie nicht anfällige Pflanzen gelangen; dabei kommt es zu Abwehrreaktionen der Pflanzen (Überempfindlichkeitsreaktionen), die häufig makroskopisch sichtbar werden und dann leicht mit echten Krankheitserscheinungen verwechselt werden können.

Aus diesem Sachverhalt ergeben sich 2 Schlußfolgerungen für die Ermittlung der Pathogenität von Bakterienisolaten an Pflanzen:

1. Für den Fall, daß gezielt nach Krankheitserregern an bestimmten Kulturpflanzen gesucht wird (z. B. Hafer, Tomate, Kartoffel, Sonnenblume etc.), verwendet man am besten die betreffende Wirtspflanze als Testobjekt.

2. Ist der Wirtspflanzenkreis eines potentiellen Erregers unbekannt oder die Prüfung der spezifischen Wirtspflanzen aus methodischen Gründen (z. B. bei langsamwüchsigen oder Holzgewächsen) unzweckmäßig, so führt man den Pathogenitätstest an Tabakpflanzen nach KLEMENT (1968) durch. Hierdurch ist es möglich, typische und atypische Krankheitssymptome zu erzeugen und dadurch spezifische (= kompatible) und nicht spezifische (= inkompatible) Krankheitserreger zu unterscheiden.

Die zur Ermittlung der Pathogenitätsmerkmale geeignetste Methode hängt im Falle 1) von dem gesuchten Erreger und seiner spezifischen Wirtspflanze ab. Im Falle 2) wird eine Injektion von $\geqq 5 \times 10^6$ Zellen/ml

Abb. 35. Tabak-Hypersensibilität: Nekrose von Interkostalfeldern nach Inokulation eines inkompatiblen phytopathogenen Bakteriums (*Pseudomonas syringae*)

des Testbakteriums in die Interzellularen von gut ausgebildeten Tabakblättern vorgenommen. Nach 24 Stunden entwickeln sich nach der Inokulation phytopathogener Isolate infolge Überempfindlichkeit der Pflanze atypische Symptome, die ein sicheres Zeichen für die Pathogenität des geprüften Bakterienstammes sind (Abb. 35). Typische Symptome, wie sie etwa für *P. syringae*/Pathotyp *P. tabaci* kennzeichnend sind, entstehen dagegen an diesen Tabakblättern erst nach mehreren Tagen. Saprophytische Bakterienarten verursachen keinerlei Reaktion. Das Verfahren der Hypersensibilitätsprüfung an Tabakblättern nach KLEMENT ist allerdings nur bei Blattfleckenerregern aus den Gattungen *Pseudomonas* und *Xanthomonas* erfolgreich anwendbar.

Im allgemeinen wird der Infektionserfolg dadurch erhöht, daß man die Test- oder Indikatorpflanzen 24 Stunden vor dem Inokulationstermin in eine Feuchtkammer bringt oder 1 bis 2 Stunden vor dem Versuch mit Wasser einsprüht; dadurch wird das Eindringen der Bakterien in die Spaltöffnungen erleichtert.

Blattfleckenerreger können auf folgende Weise in die Indikatorpflanzen inokuliert werden: durch

- Aufsprühen
- Infiltration (Hochdrucksprühverfahren oder Vakuuminfiltration)
- Nadelstichinfektion
- Injektion
- Abreiben der Blattoberfläche (evtl. mit Karborundzusatz).

Bei Welkeerregern kommt ebenfalls eine Injektion in Betracht, wirksamer ist hier aber eine Inokulation der Wurzel durch Tauchen, sei es im intakten Zustand oder nach Verletzung (Abschneiden der Spitzen).

Bei Naßfäuleerregern tropft man eine Suspension des Testbakteriums auf die Oberfläche frischer Wunden auf; hierbei dienen Kartoffelknollen, Möhren oder Zwiebeln als Versuchsobjekte.

Gewebewucherungen verursachende Bakterienisolate inokuliert man nach Verletzung (Stich- oder Schnittwunden) in die anfälligen Pflanzenorgane (Sonnenblumen-, Tomatenstengel, Leguminosenwurzeln u. a.).

Der Nachweis ist in diesen Fällen nur dann als gelungen zu betrachten, wenn durch diese künstliche Inokulation die typischen Symptome hervorgerufen werden. Die Dauer der Inkubationszeit ist charakteristisch für die jeweilige Parasit/Wirt-Kombination und kann von wenigen Stunden (Blattfleckenerreger) bis zu mehreren Wochen (Welke-, Pflanzenkrebserreger) variieren.

Bei vielen Bakterienarten, z. B. bei *Erwinia amylovora, Agrobacterium tumefaciens* und *Pseudomonas solanacearum,* konnte immer wieder das Auftreten nichtpathogener (= avirulenter) Stämme festgestellt werden. Ein Pathogenitätsverlust ist insbesondere nach längerer Aufbewahrung vorher pathogener Isolate in künstlicher Kultur möglich.

7.5. Serologische Diagnose

Wie bereits in Kapitel 1.2. ausgeführt wurde, stellen die Bakterienzellen Antigene dar, gegen die, wenn sie ins Blut von Säugetieren gelangen, Antikörper gebildet werden. Für die Diagnose sind 2 Typen von Antigenen wichtig, die für die Bakterienzellwand charakteristischen O- und die in den Geißelproteinen lokalisierten H-Antigene.

Zur Gewinnung von größeren Mengen solcher Antikörper verwendet man in der Regel Kaninchen, die nach einem festgelegten Injektionsschema immunisiert und nach maximaler Antikörperproduktion partiell oder total ausgeblutet werden. Das daraus hergestellte Antikörper-haltige Serum („Antiserum“) dient zum serologischen Nachweis der zur Immunisierung verwendeten Bakterienart oder mit ihr verwandter Formen. Wenn für die serologische Reaktion vollständige Bakterienzellen eingesetzt werden, so handelt es sich um eine Agglutination. Bei Verwendung von gelösten Antigenen, z. B. durch Herstellung von Bakterienzellextrakten, kommt es nach Zusatz von Antiseren zu einer Präzipitation.

Die Eignung dieser serologischen Methoden zum Nachweis homologer Bakterien beruht auf der hohen Empfindlichkeit und der großen Spezifität der Antigen-Antikörper-Reaktion. 2 verschiedene Bakterien weisen unterschiedliche Molekülkonfigurationen oder Antigenmosaiks auf; gegen das eine Bakterium produziertes Antiserum enthält keine Antikörper gegen das andere. Verwandte Arten besitzen jedoch häufig ähnliche Antigene. In diesem Fall reagiert das Antiserum nicht nur mit dem homologen, d. h. dem zur Immunisierung verwendeten, Stamm, sondern auch mit dem anderen Bakterium, da beide Isolate über einige gemeinsame Antigene verfügen. Der Grad der Verwandtschaft ist am Titer der jeweiligen Reaktion abzulesen. Der Titer wird durch Verdünnung des Antiserums und Feststellung der gerade noch reagierenden Verdünnungsstufe ermittelt.

Meist wird dabei so verfahren, daß man die zu untersuchenden Bakterien zunächst mittels künstlicher Nährböden aus den erkrankten Pflanzenteilen isoliert. Von den Bakterienkolonien wird dann mit einer Impföse Zellmaterial entnommen und im Objektträger-, (Agglutination), Röhrchen- (Agglutination) oder Agargeldoppeldiffusionstest (Präzipitation nach Erhitzen der Bakteriensuspension) geprüft, wobei ein bestimmtes (nämlich das der gesuchten Erregerart) Antiserum zugesetzt wird. Bei Entstehen einer deutlichen Agglutination (Abb. 36) bzw. Präzipitation (Abb. 37) ist es sehr wahrscheinlich, daß das jeweilige homologe Bakterium bzw. eine eng verwandte Form vorgelegen hat.

Kommt die Identifizierung verschiedener bakterieller Erreger in Betracht, so müssen für jede zu prüfende Bakterienart spezielle Antiseren vorhanden sein und eingesetzt werden. Es gibt allerdings auch Erregerarten, die serologisch nicht einheitlich sind, sondern mehrere „Serotypen" enthalten. Dies ist z. B. bei *Erwinia carotovora* var. *atroseptica* der Fall, wobei 5—8 solcher serologisch unterschiedlich reagierender Formen bekannt geworden sind. Hier müssen zur Erfassung der gesuchten Art nebenein-

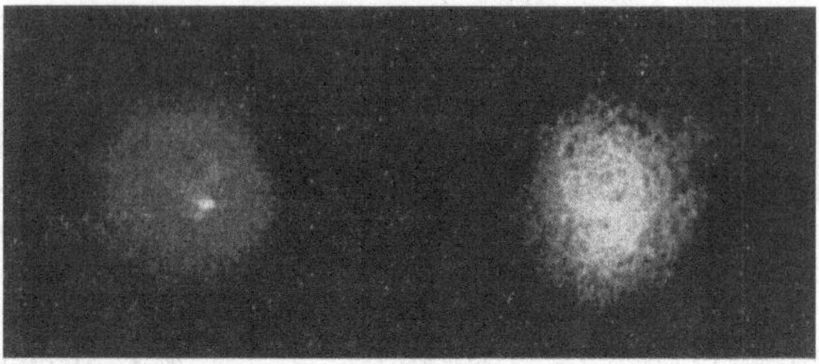

Abb. 36. Objektträger-Agglutinationstest
links: Kontrolle
rechts: Agglutination mit homologem Antigen

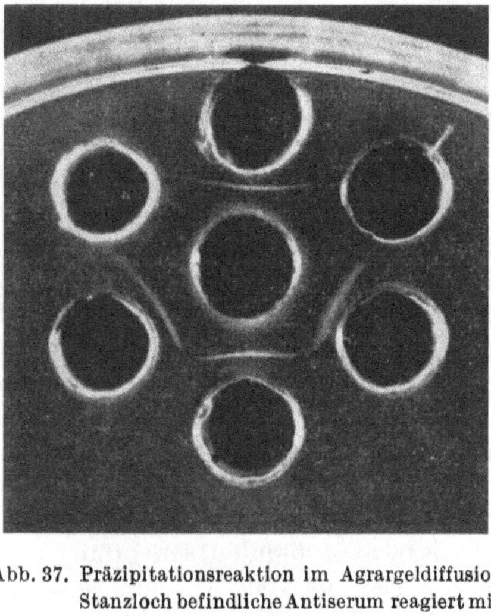

Abb. 37. Präzipitationsreaktion im Agrargeldiffusionstest: Das im zentralen Stanzloch befindliche Antiserum reagiert mit Zellextrakten von 4 Testbakterien (erkennbar durch die entsprechenden Präzipitationsbanden)

ander die jeweiligen Antiseren für jeden Typ oder ein daraus hergestelltes Gemisch benutzt werden. Während also die Identifizierung einer Bakterienart mittels serologischer Methoden auf der Erfassung gemeinsamer Antigene beruht, ist zur Differenzierung einer Art in Serotypen die Feststellung spezifischer Antigene notwendig.

Es kommen allerdings zuweilen auch Kreuzreaktionen mit Bakterienisolaten vor, die ganz anderen Arten angehören als das homologe Bakterium. Meist besitzen diese unerwarteten und unerwünschten Kreuzreaktionen mit Fremdbakterien allerdings nur einen niedrigen Titer, so daß sie in der Regel rechtzeitig erkannt werden und die Identifizierung nicht ernstlich erschweren.

Auf Grund der spezifischen Problematik serologischer Nachweise ist — von Ausnahmen abgesehen — eine sichere Aussage über die Identität eines mit dem eingesetzten Antiserum reagierenden Isolats nur bei genauer Kenntnis von dessen Pathogenitätsmerkmalen (s. 7.4.) möglich.

Neuerdings sind auch mit Fluoreszenzfarbstoff markierte Antiseren erfolgreich zum Nachweis von phytopathogenen Bakterien eingesetzt worden.

7.6. *Phagentypisierung*

Ähnlich spezifisch wie die Immunreaktion ist auch das Infektionsverhalten vieler Bakteriophagen. Neben Bakterienviren, die polyvalent sind, d. h. verschiedene Bakterienarten infizieren und lysieren können, gibt es andere, sogenannte monovalente oder spezifische Phagen, die nur die Zellen einer Art angreifen können. Aus dem Boden isolierte Phagen sind in der Regel polyvalent, während aus krankem Pflanzenmaterial stammende Phagen meist monovalent (spezifisch) reagieren.

Allerdings ist dies nicht in allen Bakteriengruppen der Fall: So hat sich herausgestellt, daß innerhalb der Gattung *Pseudomonas* polyvalente Phagen vorherrschen, während in der Gattung *Xanthomonas* sehr häufig monovalente Phagen anzutreffen sind. Neben den polyvalenten und den Art-spezifischen Phagen sind häufig auch Bakterienphagen beschrieben worden, die nur bestimmte Stämme einer Art lysieren können. Derartige hochspezialisierte Bakterienphagen sind ebenso wie die polyvalenten Phagen — von Ausnahmen abgesehen — nicht für Identifizierungszwecke brauchbar.

Von derartigen Fällen abgesehen lassen sich mit Hilfe der Phagentechnik bakterielle Krankheitserreger unter bestimmten Bedingungen schnell und elegant diagnostizieren.

Voraussetzung dafür ist das Vorhandensein derartiger monovalenter und Art-spezifischer aggressiver Phagen. Die auf ihre Artzugehörigkeit zu prüfenden Bakterienkulturen werden nach der in der Phagentechnik üblichen Methode (Gußplatten) auf ihre Phagensensibilität geprüft. Empfindliche Bakterien weisen nach Auftropfen des (monovalenten) Indikatorphagen typische Plaques auf; sie sind damit eindeutig identifiziert (Abb. 38). Dieser Nachweis kann, sofern die entsprechenden Phagensuspensionen zur Verfügung stehen und mehrere bakterielle Erreger gesucht werden, auch auf derselben Platte mit mehreren Indikatorphagen durchgeführt werden. Es ist auch noch eine indirekte Identifizierungsmethode bekannt, die von KATZNELSON und SUTTON (1951) beschrieben wurde. Hierzu stellt man von den befallenen Pflanzenteilen ein Homogenat her und setzt einen spezifischen Bakteriophagen mit bekanntem Titer zu. Tritt während einer nachfolgenden Inkubationszeit eine Phagenvermehrung (Erhöhung des Phagentiters) ein, so ist dies ein indirekter Hinweis auf das Vorhandensein des homologen Wirtsbakteriums im Gewebemazerat; die Phagenvermehrung wird durch Vergleich der Ausgangsphagensuspension mit dem Phagentiter nach der Inkubationszeit durch die Gußplattenmethode (s. o.) ermittelt.

Diesen indirekten Nachweis kann man parallel mit

mehreren spezifischen Phagen durchführen, falls verschiedene Erreger in Betracht kommen.

Die Phagentechnik kann aber — außer zur Identifizierung — auch zur Feststellung von Verwandtschaftsbeziehungen zwischen Bakterienisolaten bzw. -arten dienen. Hierzu setzt man allerdings polyvalente Phagen ein, da diese einen Indikator für gleiche Akzeptorstrukturen in der Bakterienzellwand darstellen und damit auf Ähnlichkeiten im Zellaufbau hinweisen.

Wegen der unterschiedlichen Spezifität der Phagenisolate ist — noch mehr als beim serologischen Nachweis — eine sichere Identifizierung eines phytopathogenen Bakterienisolats erst dann möglich, wenn diese Pathogenitätsmerkmale einwandfrei ermittelt sind. Nur eine Kombination dieser beiden Differenzierungsmerkmale liefert zuverlässige Aussagen.

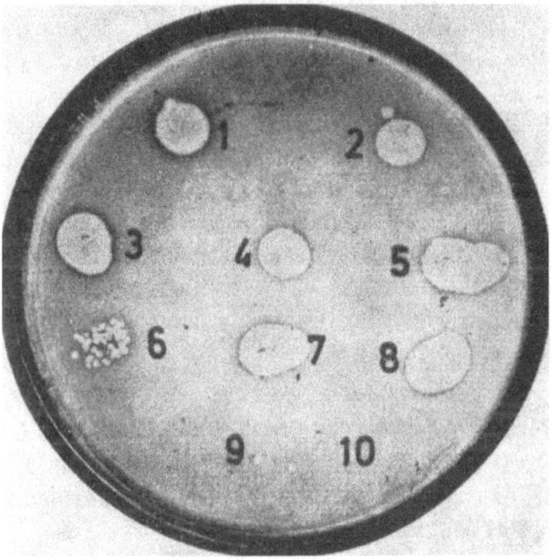

Abb. 38. Lysehöfe (Plaques) von Phagenisolaten auf einer Bakteriengußplatte (*Erwinia carotovora* var. *atroseptica*) (Aufnahme: BÖTTCHER/MOHR)

7.7 *Schlüssel für die Bestimmung von Gattungen phytopathogener Bakterien*

Vorbemerkung

Der nachfolgend angegebene Schlüssel beruht auf morphologischen, physiologischen und Pathologenitäts-Merkmalen und soll der Gattungsbestimmung dienen. Die Möglichkeit, die gesuchten Erreger mittels vorhandener Antiseren bzw. spezifischer Phagenisolate direkt zu identifizieren, ist dabei nicht mit in Betracht gezogen worden, da bei diesen Diagnosemethoden ein Schlüssel im üblichen Sinne nicht vonnöten ist.

Berücksichtigung finden im wesentlichen nur bakterielle Erreger, die für den mitteleuropäischen Raum von Bedeutung sind. Nur an ganz speziellen Objekten bzw. unter ganz besonderen Bedingungen als Erreger von Krankheitserscheinungen an Pflanzen auftretende Gattungen aus der Familie der Enterobacteriaceen (z. B. die Genera *Shigella*, *Aerobacter* u. a.) wurden nicht mit aufgenommen.

Bei der Benutzung des Schlüssels wird vorausgesetzt, daß die Pathogenität des zu identifizierenden Bakteriums erwiesen ist, etwa durch spezifische Pathogenitätsnachweise an entsprechenden Wirtspflanzen oder mit Hilfe des Tabak-Überempfindlichkeitstestes nach KLEMENT. Es ist also mit diesem Schlüssel nicht möglich, apathogene oder auf ihre Pathogenität hin noch nicht untersuchte Isolate zu diagnostizieren.

I. An Blättern Welkeerscheinungen, Chlorosen oder Nekrosen verursachende sowie im Tabakhypersensibilitätstest nach KLEMENT (1968) positiv (pathogen) reagierende Isolate

1. Kulturverhalten (auf festen Nährmedien)

a) kräftig gelb gefärbte Kolonien bildend 2

b) gelbliche, cremefarbene, weißliche, farblose oder grünlich-fluoreszierende Kolonien bildend, die auf bestimmten Substraten (KING's Agar B) einen grünlich fluoreszierenden Farbstoff ins Medium abgeben (sicherer Nachweis unter UV) 3

2. Gramfärbungsverhalten

a) grampositive Stäbchen

CORYNEBACTERIUM
grampositive pleomorphe Zellen

b) gramnegative Stäbchen

XANTHOMONAS
gramnegative Stäbchen mit polaren Geißeln

3. Begeißelung

a) zwei bis mehrere polare Geißeln vorhanden

PSEUDOMONAS
gramnegative Stäbchen mit polarem Geißelbündel, meist grünlich fluoreszierenden diffusiblen Farbstoff bildend

b) mehrere (5 bis zahlreiche) peritrich angeordnete Geißeln vorhanden

ERWINIA
gramnegative Stäbchen

II. An Stengeln, Zweigen, Früchten und unterirdischen Pflanzenteilen (Wurzeln, Knollen, Rüben usw.) Krankheitserscheinungen hervorrufende Isolate

1. Kulturverhalten (auf festen Nährböden)

a) zur Bildung von grauem Luftmyzel neigend (vor allem auf Kartoffel-Dextrose-, Malz-Stärke- und Bodenextrakt-Agar)

STREPTOMYCES
dünne Hyphen und an besonderen Fruktifikationsorganen Sporen bildender Aktinomyzet; verursacht Krankheitserscheinungen hauptsächlich an Kartoffeln und Rüben

b) kräftig bis schwach gelb gefärbte Kolonien bildend

2

c) cremefarbene, weißliche, farblose oder grünlich-fluoreszierende Kolonien bildend, die auf bestimmten Substraten (KING's Agar B) einen grünlich fluoreszierenden

Farbstoff ins Medium abgeben (sicherer Nachweis unter UV-Licht!)

3

2. Gramfärbungsverhalten

a) gramnegative Stäbchen

6

b) grampositive Stäbchen

CORYNEBACTERIUM
grampositive pleomorphe Zellen

3. Gramfärbungsverhalten und Sporenbildungsvermögen

a) gramnegative Stäbchen; keine Sporen bildend

4

b) grampositive Stäbchen; Sporen bildend

7

4. Pathogenitätsverhalten

a) Gewebewucherungen an Leguminosenwurzeln (Knöllchenbildung) verursachend

RHIZOBIUM*
bewegliche, gramnegative pleomorphe Zellen in Symbiose mit Leguminosenwurzeln lebend

b) Gewebewucherungen an Stengeln und im Wurzelbereich von Vertretern der Rosaceen,

Solanaceen, Compositen, Umbelliferen und anderen Pflanzenfamilien verursachend

AGROBACTERIUM[1]) bewegliche, gramnegative Stäbchen, 3-Ketolaktose aus Laktose bildend (Nachweis mit Benedicts Reagens)

keine Gewebewucherungen bei Pflanzen hervorrufend 5

5. Prüfung der Beweglichkeit

a) unbewegliche Zellen

APLANOBACTER unbewegliche, gramnegative Stäbchen

b) bewegliche Zellen 6

6. Begeißelung

a) eine polare Geißel vorhanden

XANTHOMONAS gramnegative Stäbchen, monopolar begeißelt

b) zwei bis mehrere polare Geißeln vorhanden

PSEUDOMONAS gramnegative Stäbchen, polares Geißelbündel tragend, meist grünlich-fluoreszierenden Farbstoff bildend

---

[1]) Nach neueren molekularbiologischen Untersuchungen erscheint eine Trennung der Genera RHIZOBIUM und AGROBACTERIUM zumindest als sehr problematisch (DE LEY et al., 1966).

c) mehrere (5 bis zahlreiche) peritrich angeordnete Geißeln vorhanden

ERWINIA (incl. PECTOBACTERIUM) gramnegative Stäbchen

7. Prüfung der Katalase-Aktivität

a) Katalase-Aktivität fehlend

CLOSTRIDIUM grampositive pleomorphe Zellen, fakultativ oder obligat anaerob, Sporen bildend

b) Katalase-Aktivität vorhanden

BACILLUS grampositive Stäbchen, aerob, Sporen bildend

8. Bekämpfung bakterieller Pflanzenkrankheiten

Die Bekämpfung bakterieller Pflanzenkrankheiten durch den Einsatz chemischer Mittel ist noch problematisch, da es an geeigneten, allen Anforderungen des Pflanzenschutzes entsprechenden Mitteln weitgehend fehlt. Obwohl einige aussichtsreiche Wirkstoffe gegenwärtig geprüft werden, haben prophylaktische Maßnahmen bei der Bekämpfung bakterieller Pflanzenkrankheiten die größte Bedeutung. Dabei wird entweder angestrebt, den Erreger von der Pflanze fernzuhalten (Quarantäne), die Infektionskette zu unterbrechen oder die Pflanze durch Kultur- und Züchtungsmaßnahmen widerstandsfähiger zu machen.

8.1. Quarantäne

Mittels Maßnahmen der Außenquarantäne ist es z. B. Australien gelungen, für lange Zeit den weltweit verbreiteten Erreger der Wildfeuer-Krankheit des Tabaks (*P. syringae*/Pathotyp *P. tabaci*) abzuwehren. Der zunehmende Austausch von Saat- und Pflanzgut über Ländergrenzen hinweg und die Entwicklung des Verkehrswesens ganz allgemein unterstreichen die Notwendigkeit konsequenter Maßnahmen der Außenquarantäne. Als Voraussetzung für wirksame Quarantäne-Maßnahmen müssen geeignete Diagnoseverfahren zur Verfügung stehen, die in relativ kurzer Zeit sichere Ergebnisse liefern.

Für die DDR werden Quarantäne-Maßnahmen durch die 11. Durchführungsbestimmung vom 1. 8. 1960 zum „Gesetz zum Schutze der Kultur- und Nutzpflanzen" vom 25. 11. 1953 geregelt.

Im Rahmen der Binnenquarantäne können auf befallenen Flächen Anbaupausen verfügt werden, deren Wirksamkeit und Dauer von den Besonderheiten des jeweiligen Erregers abhängig sind.

8.2. Maßnahmen zur Unterbrechung der Infektionskette

Behandlung von Saatgut

Nicht wenige Bakteriosen werden mit dem Saatgut übertragen. Damit bietet die Saatgutdesinfektion einen wesentlichen Ansatzpunkt zur Unterbrechung der Infektionskette. Zur äußerlichen Desinfektion ist unter anderem Formalin geeignet.

In der UdSSR wird Baumwollsaatgut zur Bekämpfung des Erregers der Eckigen Blattfleckenkrankheit, *Xanthomonas campestris*/Pathotyp *X. malvacearum* mit Formalin (1:90 mit Wasser verdünnt) für die Dauer von drei

Stunden behandelt. Formalinbehandlungen werden auch zur Bekämpfung von *P. syringae*/Pathotyp *P. tabaci* an Tabak-Saatgut vorgeschlagen.

Quecksilberchlorid ($HgCl_2$) soll neben der äußerlich desinfizierenden Wirkung auch einen gewissen Tiefeneffekt haben. Stark verdünnte Lösungen (1:1000–3000) werden in der UdSSR für Kohl-, Gurken- und Tomatensaatgut angewandt. Die Samen werden für 5 Minuten in die Lösung getaucht, anschließend mehrmals mit fließendem Wasser gespült und rückgetrocknet.

Als physikalische Methode der Saatgutdesinfektion wird in der UdSSR bei Blumenkohlsaatgut, infiziert mit *Xanthomonas campestris*, eine Heißwasserbehandlung für 20 Minuten bei 50 °C empfohlen.

Schließlich können die Bemühungen zur Erzeugung gesunden Saatgutes bereits bei der Mutterpflanze einsetzen. So wurde z. B. in den USA die Saatgutproduktion von Bohnen vollständig in die trockenen Gebiete von Kalifornien verlagert, wo die Fettfleckenkrankheit kaum auftritt. Damit konnte der samenübertragbare Erreger (*P. syringae*/Pathotyp *P. phaseolicola*) insgesamt auf ein praktisch unbedeutendes Maß zurückgedrängt werden.

Pflanzgut und Pfropfreiser

Ebenso wie bei der generativen Vermehrung werden auch bei der vegetativen (Pflanzgut, Pfropfung) Maßnahmen zur Erzeugung gesunder Pflanzen ergriffen. Von infizierten Mutterpflanzen lassen sich z. B. durch Meristemspitzenkulturen bakterienfreie Pflanzen gewinnen. Dieses Verfahren hat praktische Bedeutung im Falle der Pelargonien-Vermehrung, da meist sämtliche Mutterpflanzen mit *X. campestris*/Pathotyp *X. pelargonii* verseucht sind. Mit dem gleichen Verfahren, das in der Kartoffelerhaltungszüchtung ohnehin zur Gewinnung virusfreier Ausgangspflanzen angewandt wird, läßt sich *Erwinia carotovora* var. *atroseptica* eliminieren.

Beim Schneiden von Pflanzgut und Pfropfreisern sowie beim „Putzen“ von Obstunterlagen besteht die Gefahr, gesundes Material durch kontaminierte Schnittwerkzeuge zu infizieren. Deshalb wird bei Auftreten der Bakterienringfäule der Kartoffel (*Corynebacterium sepedonicum*) das Schneiden von Pflanzgut überhaupt untersagt oder zumindest eine Desinfektion des Messers gefordert. Im Obstbau wird zur Verhinderung der Übertragung von *Erwinia amylovora* und *Agrobacterium tumefaciens* gleichfalls eine Desinfektion der Schnittwerkzeuge empfohlen. Zur Bekämpfung des Erregers des Wurzelkropfes (*A. tumefaciens*) sollten die beim „Putzen“ verletzten Wurzeln von Obstunterlagen durch Eintauchen in Lehmbrei mit Desinfektionsmittelzusatz vor einer Infektion geschützt werden.

Eine Unterbrechung der Infektionskette läßt sich in bestimmten Fällen auch durch eine kombinierte Pflanzgutbehandlung mit Fungiziden und Antibiotika z. B. bei der Einlagerung von Pflanzkartoffeln erreichen. Dadurch wird — bei gleichzeitiger Einhaltung günstiger Lagerbedingungen — die Gefahr der Infektion der Knollen mit *Erwinia carotovora* var. *atroseptica*, dem Erreger der Knollennaßfäule und Schwarzbeinigkeit der Kartoffel, wesentlich vermindert.

Boden und Pflanzenrückstände

Ein sinnvoller Fruchtwechsel kann zur Verminderung der Infektionsgefahr beitragen. Während diese Maßnahme im Falle monophager Bakterien in der Regel erfolgreich ist, muß bei polyphagen Bakterien der Anbau einer ganzen Reihe von Kulturen unterbleiben.

Zur Bekämpfung von Bakteriosen, deren Erreger im Boden bzw. in Pflanzenrückständen überdauern, ist auch eine Bodenentseuchung wirksam. Die Desinfektion kann sowohl mit physikalischen (Hitze, Dampf) als auch mit chemischen Mitteln (Chlorpikrin, Formalin u. a.) erfolgen. Aus ökonomischen Gründen bleiben derartige Maßnahmen in der Regel auf Unterglasflächen beschränkt.

Auch das tiefe Unterpflügen infizierter Pflanzenrückstände ist vor allem auf schweren Böden geeignet, den Infektionsdruck zu vermindern.

Vektorbekämpfung

Für den Fall, daß Insekten als Vektoren oder als Verursacher der Eintrittspforten (z. B. Blattlausstiche) für eine bakterielle Infektion eine Rolle spielen, kann eine erfolgreiche Insektenbekämpfung die Krankheitsausbreitung im Pflanzenbestand erheblich reduzieren. Bei der Bekämpfung der Schwarzadrigkeit des Kohls (*X. campestris*) soll in bestimmten Gebieten der UdSSR die Insektenbekämpfung sogar die entscheidende Bedeutung haben.

Eradikative Maßnahmen

Den prophylaktischen und Gegenmaßnahmen sind weiterhin die Überwachung von Pflanzenbeständen und — wie z. B. bei Auftreten des Feuerbrandes der Obstgehölze (*Erwinia amylovora*) — notwendig werdende Rodungen zur Beseitigung von Infektionsquellen bzw. zur Unterbrechung der Infektionskette zuzurechnen. Besonders Rodungs- oder Vernichtungsmaßnahmen, die immer mit ökonomischen Konsequenzen verbunden sind, machen die Bedeutung einer abgesicherten Diagnose als Grundlage von Bekämpfungsmaßnahmen deutlich.

8.3. Kulturmaßnahmen und Anfälligkeit gegen Bakteriosen

Über Zusammenhänge zwischen Nährstoffversorgung u. a. Kulturbedingungen mit der Prädisposition liegen Angaben für eine ganze Reihe von Kulturpflanzen vor (s. hierzu auch Kapitel 3.3.1.). Für zahlreiche Kulturen wird eine erhöhte Anfälligkeit bei Stickstoffüberdüngung festgestellt, ohne daß zwangsläufig knapp bemessene Stickstoffgaben z. B. die Anfälligkeit von Birnenbäumen gegenüber dem Erreger des Feuerbrandes beeinflussen.

Für die Praxis sind ganz allgemein optimal ernährte, gut gepflegte Pflanzenbestände auf geeigneten Standorten auch zur Prophylaxe bei bakteriellen Pflanzenkrankheiten zu empfehlen.

8.4. *Resistenzzüchtung*

Die Ausnutzung vorhandener Resistenz- und Toleranzunterschiede bzw. die gezielte Resistenzzüchtung gegen Bakterienkrankheiten dürften zukünftig von größter Bedeutung bei der Bekämpfung bakterieller Pflanzenkrankheiten sein.

Von praktisch nutzbaren Erfolgen der Auslese toleranter bzw. resistenter Formen aus vorhandenen Sorten berichtet u. a. GORLENKO (1965). So ist es z. B. auf diesem Wege gelungen, die gegenüber der Bakteriellen Schwarzspelzigkeit resistente Winterweizensorte „Jubileinaja" auszulesen. In der UdSSR, den USA und anderen Ländern gelang es, durch Selektion aus anfälligen Sorten Formen der Baumwolle, die resistent gegenüber *Xanthomonas campestris*/Pathotyp *X. malvacearum* sind, zu gewinnen. Sichere Kenntnisse über die Anfälligkeit bzw. Toleranz bestimmter im Anbau befindlicher Sorten sind auch dann von Bedeutung, wenn es darum geht, den Anbau hochanfälliger Sorten zu unterbinden bzw. derartige Sorten gegen resistente auszutauschen. So wurde das Aufpflanzen der als besonders Feuerbrand-anfällig erkannten Birnensorte ‚Laxton's Superb' in einigen Ländern untersagt.

Voraussetzung aller züchterischen Bemühungen, resistente Kulturpflanzensorten zu schaffen, ist die Wahl eines zur Anfälligkeitsprüfung geeigneten Verfahrens.

Anfälligkeitsprüfungen werden mittels zweier grundsätzlich verschiedener Methoden durchgeführt:

- Aufpflanzen eines Sortimentes unter natürlichen Infektionsdruck im Freiland in Befallslagen oder
- experimentelle Inokulation von Pflanzen mit dem Erreger im Freiland oder unter Gewächshausbedingungen.

Beide Methoden haben Vor- und Nachteile. Handelt es sich um Erreger von Quarantäne-Krankheiten, kommt ausschließlich das zweite Verfahren zur Anwendung. Experimentelle Infektionen unter Gewächshausbedingungen können vorteilhaft bei sehr starkem Infektionsdruck und bei optimalen Entwicklungsbedingungen der Erreger vorgenommen werden. Zum anderen werden natürliche Verhältnisse hierbei nur unvollkommen erreicht, und es bleiben bestimmte natürliche Infektionswege, wie z. B. die Blüteninfektion beim Feuerbrand des Kernobstes, völlig unberücksichtigt. In vielen Fällen dürfte das Optimum in einer Kombination beider Methoden liegen, wobei die Prüfung im Gewächshaus bei künstlicher Infektion als „Vorfilter" an umfangreichem Material vorgenommen werden kann. Das im Ergebnis dieser ersten Prüfung reduzierte Pflanzenmaterial wird dann in der zeitaufwendigen Freilandprüfung getestet.

Die gezielte Resistenzzüchtung verspricht die größten Erfolge. Dazu sind jedoch für die einzelnen Bakterien-Wirt-Kombinationen häufig noch grundlegende resistenzgenetische Untersuchungen notwendig, wie z. B. für den Feuerbrand des Kernobstes. Für einige Bakteriosen liegen bereits fundierte resistenzgenetische Ergebnisse vor. Das trifft insbesondere für die durch *Xanthomonas campestris*/Pathotyp *X. malvacearum* verursachte Baumwollbakteriose zu. Diese Krankheit ist jedoch zugleich ein Beispiel dafür, wie, bedingt durch die große Variabilität des Erregers, die Wirtspflanzenresistenz infolge der Herausbildung neuer Erreger-Rassen durchbrochen werden kann.

8.5. Chemische Bekämpfung im Pflanzenbestand

Die Entwicklung auf dem Gebiet der chemischen Bekämpfung läßt sich beispielhaft am Feuerbrand der Obstgehölze verfolgen. Angesichts der großen wirtschaftlichen Bedeutung dieser frühzeitig als Bakteriose erkannten

Krankheit gibt es eine Vielzahl grundlegender Untersuchungen sowie praktischer Versuche zur Bekämpfung des Feuerbrandes. Im Falle dieser Krankheit ist nicht nur der Einsatz chemischer Mittel unter Praxisbedingungen am weitesten gediehen, sondern es wird besonders an diesem Objekt die Problematik des Einsatzes chemischer Mittel deutlich. Für die erste Etappe der Versuche zur chemischen Bekämpfung des Feuerbrandes war der Einsatz desinfizierender Substanzen zur Wundbehandlung (nach dem Ausschneiden der Krebsherde in der Rinde infizierter Apfel- und Birnenbäume) sowie die Behandlung der Krebsherde selbst kennzeichnend. Als Desinfektionsmittel kamen Lysol oder Kreosot, Reimersche Lösung (1 Teil Sublimat, 1 Teil Quecksilberzyanid, 500 Teile Wasser) und Zinkchloridlösungen zur Anwendung. Zur Direktbehandlung der Krebsherde (ohne vorheriges Ausschneiden) sollen sich auch alkoholische Kadmiumsulfat- bzw. Kobaltnitratlösungen bewährt haben.

Die zweite Etappe der Bekämpfung des Feuerbrand-Erregers mit chemischen Mitteln ist durch den Einsatz von Fungiziden charakterisiert. Behandlungen mit kupferhaltigen Mitteln vor dem Aufbrechen der Knospen können die auf der Rindenoberfläche befindlichen Bakterien abtöten und — in bestimmten Grenzen — zu einer Befallsminderung führen.

In den USA wurden sowohl Kupfersulfat als auch andere kupferhaltige Mittel, unter anderem Bordeaux-Brühe, die bis heute ihre Bedeutung behalten hat, eingesetzt. So konnte z. B. durch 14 aufeinanderfolgende Spritzungen mit Bordeaux-Brühe die Zahl der Feuerbrand-infizierten Triebe bei der Apfelsorte ‚Jonathan‘ von 145,8 auf 52,0 pro Baum herabgesetzt werden. Weniger günstig als kupferhaltige wirken quecksilberhaltige Spritzmittel. Schwefelkalkbrühe war völlig unwirksam. Von den „klassischen“ Fungiziden haben offenbar kupferhaltige Mittel eine gewisse Bedeutung für die Minderung des Neubefalls mit *E. amylovora*. Dabei müssen die Behandlungen innerhalb eines konsequent einzuhaltenden Spritzprogramms in kurzen Abständen vorgenommen werden. Neben der nur begrenzten Wirkung sind phytotoxische Erscheinungen zu berücksichtigen.

Zahlreiche organische Fungizide wie Maneb, Zineb, Captan, Thiram, Nabam, Mancozeb, Ferbam u. a. wurden von verschiedenen Autoren hinsichtlich ihrer Wirkung auf *E. amylovora* getestet und z. T. unterschiedlich beurteilt. Insgesamt eröffneten diese Wirkstoffe keine günstigeren Aussichten für die praktische Feuerbrand-Bekämpfung.

Unter Berücksichtigung der gravierenden Unterschiede zwischen bakteriellen und pilzlichen Pflanzenkrankheiten erscheint die Suche nach geeigneten Wirkstoffen unter den Fungiziden als wenig aussichtsreich. Vielmehr sollten solche antibakteriellen Wirkstoffe, die im Screening gegen Infekte bei Säugern wirksam waren und aus bestimmten Gründen nicht als Pharmaka einzusetzen sind, getestet werden.

Mit der Einführung der Antibiotika in die Pflanzenpathologie wurde die dritte Etappe der chemischen Bekämpfung des Feuerbrandes und anderer Bakterienkrankheiten eingeleitet, die trotz aller Nachteile und bestehenden Bedenken den bisher größten Fortschritt brachte. Als erstes Antibiotikum wurde Penizillin hinsichtlich einer Wirkung gegen *E. amylovora* geprüft. Obwohl in vitro bei entsprechend hohen Penizillinkonzentrationen (100 I. E./0,1 ml) gute Hemmwirkungen zu erzielen waren, beeinflußte die Injektion größerer Mengen Penizillin-Lösung in erkrankte Birnenbäume den Erreger des Feuerbrandes nicht. Von den beiden im Weltmaßstab am häufigsten zur Bekämpfung pflanzenpathogener Bakterien angewandten Antibiotikagruppen, Streptomyzin und Tetrazyklin, hat das erstere Eingang in die praktische Feuerbrand-Bekämpfung gefunden. Seit Anfang der 50er Jahre wird Streptomyzin zur Bekämpfung von *E. amylovora* eingesetzt.

Ein guter Bekämpfungserfolg wurde dabei mit 4 Streptomyzin-Spritzungen erreicht. Obwohl anschließende

Spritzungen den Befall weiter senken, bleibt der Nutzen zusätzlicher Behandlungen aus ökonomischen Erwägungen heraus zweifelhaft. Für amerikanische Verhältnisse soll das auf 4 Spritzbehandlungen basierende Programm unter Berücksichtigung des Aufwandes das Optimum darstellen. Der Erfolg dieser Streptomyzin-Spritzprogramme hängt ganz wesentlich vom Zeitpunkt der Applikation ab. Die Spritzungen werden während der gesamten Blühperiode durchgeführt. Später machen sich dann weitere Behandlungen zur Verhinderung von Triebinfektionen notwendig. Dabei wurden gute Ergebnisse mit einer Kombination von Streptomyzin, Fungiziden und Insektiziden erzielt. Diese Erfolge zeigen, daß reale Möglichkeiten zum Schutze von Obstgehölzen vor Feuerbrandinfektionen gegeben sind.

In jüngster Zeit wurde jedoch festgestellt, daß im kalifornischen Obstbaugebiet, bedingt durch häufig wiederholte Applikationen, bereits Streptomyzin-resistente *Erwinia amylovora*-Populationen bestehen, die einer Bekämpfung mit diesem Wirkstoff nicht mehr zugänglich sind. Dieses Phänomen dürfte durch die Eigenart der Streptomyzinwirkung bedingt sein. Bei einer Konzentration von 200 bis 400 ppm dieses Antibiotikums im Pflanzengewebe werden die Bakterien nämlich nicht abgetötet; es wird lediglich deren Vermehrung gehemmt. Das Antibiotikum wirkt in diesem Falle bakteriostatisch, und es machen sich wiederholte Behandlungen notwendig. Damit entsteht jedoch die Gefahr, daß aus der Bakterienpopulation Streptomyzin-resistente Formen selektiert werden. In einer Bakterienpopulation ist jede 10 bis 1000 millionste Zelle resistent gegenüber Streptomyzin. Unter dem Druck ständiger Streptomyzin-Einwirkung gelangen nun diese, wiederum resistente Nachkommenschaften liefernden Zellen zur Vermehrung und bilden somit in relativ kurzer Zeit resistente Populationen. Der Problematik der Resistenzbildung ist bei allen zukünftig zur Anwendung kommenden Wirkstoffen Aufmerksamkeit zu schenken.

Neben neuen Wirkstoffen kommt der Weiterentwicklung der Applikationstechnik entscheidende Bedeutung zu. Das trifft insbesondere für die Samenbeizung bei verschiedenen Kulturen zu, aber z. B. auch für die Bekämpfung von Rindenerkrankungen des Steinobstes (*Pseudomonas syringae*). Obwohl bei dieser Bakteriose Spritzbehandlungen mit Streptomyzin wenig erfolgreich verliefen, ließ sich bei Anwendung einer Streptomyzinhaltigen Wundverschlußpaste ein ausgezeichneter Bekämpfungserfolg erzielen.

Schließlich spielt der Anwendungszeitpunkt eines Wirkstoffes auch aus ökonomischer Sicht eine wesentliche Rolle. Wenn der Einsatz von relativ teuren Wirkstoffen wie Streptomyzin in Feldbeständen nicht wirtschaftlich erscheint, kann jedoch eine Behandlung der Pflanzen im Saatbett angezeigt sein. Dabei lassen sich mit geringen Aufwandmengen z. T. gute Erfolge bei der Anzucht erreichen. Zudem erhalten die Jungpflanzen einen gewissen Schutz beim Auspflanzen. In einigen Fällen konnte eine günstigere Wirkung auch durch Kombination zweier Wirkstoffe, wie im Falle des „Terramycin" (Streptomyzin + Oxytetrazyklin) festgestellt werden.

Wenn auch bisher die hohen Erwartungen mit dem Einsatz von Streptomyzin und anderen Antibiotika nicht erfüllt werden konnten, zeigen doch die bei mehreren Bakteriosen erzielten positiven Ergebnisse prinzipiell Möglichkeiten für den zukünftigen Einsatz von Antibiotika auf. Gegenwärtig ist es jedoch in der DDR, wie auch in zahlreichen anderen Staaten, untersagt, Streptomyzin als Pflanzenschutzmittel einzusetzen.

Besonders in der UdSSR wurden in jüngster Zeit Erfolge bei der Entwicklung und beim Einsatz von Antibiotika zur Bekämpfung bakterieller Pflanzenkrankheiten erzielt. Das zur Gruppe der Streptothrizine zählende Präparat „Phytobacteriomycin" wird für den Einsatz gegen verschiedene bakterielle Krankheiten bei Leguminosen und Maulbeersträuchern empfohlen. Zur gleichen Antibiotikagruppe gehört „Polymicin", das gegenwärtig als Versuchspräparat in der UdSSR gegen verschiedene Bakteriosen und Mykosen geprüft wird. Daraus wird eine Tendenz ersichtlich, die zukünftig Erfolge einer gezielten Entwicklung von Antibiotika für den Pflanzenschutz erwarten läßt.

Spezieller Teil

1. Bakteriosen an Getreide

1.1. Krankheit

Schwarzspelzigkeit des Weizens

(Spelzenbräune des Weizens, Bakterienbrand der Gerste; black chaff of wheat; bacterial stripe of barley, wheat and rye;
черный бактериоз пшеницы; полосатый бактериоз ячменя;
maladie bactérienne de l'orge)

1.1.1. Erreger

Xanthomonas campestris (Pammel) Dowson/Pathotyp *X. translucens* (Jones, Johnson et Reddy) Dowson. Von dem Erreger sind mehrere spezialisierte Formen bekannt, die sich in ihrem Wirtskreis unterscheiden.

1.1.2. Krankheitsbild, Krankheitsverlauf, Übertragung und Erkennung des Erregers

Bei Weizen tritt eine Schwärzung im oberen Teil der Spelzen entweder als eingesunkener Fleck oder als Strichelung auf. Die Schwärze kann auch die Grannen erfassen. Manchmal tritt eine völlige Bräunung und Verkürzung der Ähre ein. Auf befallenen Körnern, die schmächtig sind, können gelbe Streifen auftreten.

Auf den Blättern entwickeln sich zunächst kleine, länglich gestaltete wäßrige, durchscheinende Flecke hellgrüner Färbung, die sich allmählich vergrößern und sich von gelb über braun bis schwarz färben. Aus den Blattflecken tritt eine schleimige, klebrige Flüssigkeit aus, die Erregerzellen enthält. Das Exsudat trocknet ein und bildet weißlich-gelbe Krusten.

Am Halm treten unterhalb der Knoten schwarze oder braune Streifen auf. Unterhalb der Ähre kann eine durchgehende Bräune entstehen.

Bei Gerste entwickeln sich auf den Blattspreiten lange schmale durchscheinende Streifen, die zunächst dunkelgrün, später hellbraun werden. Bei starkem Befall können die Blätter absterben. Wie bei Weizen bildet sich auch hier ein Bakterienzellen enthaltendes Exsudat. Blattflecke können auch auf der Blattscheide auftreten. Bei starkem Befall unterbleibt das Ährenschieben. Erkrankte Pflanzen bilden nur Schmachtkorn aus. Bei Roggen werden auf den Blattspreiten dunkelgrüne, durchscheinende runde oder längliche Flecke gebildet, aus denen ebenfalls ein Exsudat hervortritt.

Die Krankheit wird durch Samen übertragen, wobei sich der Erreger im Innern der Körner befindet. Die Primärinfektion der Ähren erfolgt durch Ausbreitung des Erregers aus infiziertem Samen über das Gefäßsystem der Pflanze. Sekundärinfektionen finden während der Vegetationsperiode durch Übertragung der Bakterien von einer Ähre zur anderen durch Regentropfen und Insekten statt, wobei der Erreger durch Verletzungen in die Pflanzen eindringt. Die Infektion der Blätter erfolgt durch Stomata oder Wunden. Im Boden kann das Bakterium nicht überdauern, wohl aber an Pflanzenrückständen. Eine starke Ausbreitung erfährt die Krankheit in Jahren, in denen hohe Temperatur im Juni/Juli (20—30 °C) mit hoher relativer Luftfeuchtigkeit einhergeht.

1.1.3. Verbreitung und wirtschaftliche Bedeutung

Die Krankheit ist allgemein verbreitet, tritt allerdings in den meisten Ländern nicht in jedem Jahr sondern nur sporadisch auf. Die Erträge können in Abhängigkeit von den meteorologischen Bedingungen und von der Sorte um 10–85% gemindert werden.

1.1.4. Wirtspflanzen

Triticum spp., *Hordeum* spp., Hafer, Roggen, *Phleum pratense.*

1.1.5. Bekämpfung

Saatgutreinigung und Warmwasserbeizung, Einhaltung einer hohen Ackerkultur. Hinsichtlich der Anfälligkeit bestehen Sortenunterschiede, so daß eine Resistenzzüchtung aussichtsreich erscheint.

1.2. Krankheit

Basale Spelzenfäule des Weizens
(Basal glume rot of wheat;
базальный бактериоз пшеницы;
maladie bactérienne de la glume du blé)

1.2.1. Erreger

Pseudomonas syringae van Hall/Pathotyp *P. atrofaciens* (McCulloch) Stapp

1.2.2. Krankheitsbild, Krankheitsverlauf, Übertragung und Erkennung des Erregers

Auf befallenen Blattspreiten entwickeln sich braune oder weißliche Flecke, die im Gegensatz zu den von *Xanthomonas campestris*/Pathotyp *X. translucens* verursachten nicht durchscheinend sind (Abb. 39). Bakterienexsudate und Exsudatkrusten treten nicht auf. Bei starkem Befall können die Blätter, einschließlich des Fahnenblattes, vertrocknen und Deformierungen der Ähre eintreten. Bei Frühinfektion kann es zu einer Bräunung der Koleoptile und zu Zwergwuchs kommen. Die typischsten Krankheitsmerkmale treten auf den Spelzen auf, deren Basis dunkel-braun-schwarz verfärbt ist. Bei schwachem Befall ist oft nur eine schmale Randzone dunkel oder nur der innere Teil der Spelze gebräunt, so daß die Pflanze äußerlich gesund erscheint. Starker Befall kann zur Schwärzung der ganzen Spelze führen. Auch der basale Teil des Kornes kann eine schwarze Färbung annehmen. Bei Befall vor der Milchreife bilden sich Schmachtkörner aus und der Keimling kann absterben. Der Erreger überdauert an erkrankten Pflanzen oder deren Rückständen. Im Boden geht er bald zugrunde. Die Krankheit wird durch Samen übertragen, wobei bei starkem Befall entweder die Samen im Boden faulen oder die Keimpflanzen absterben. Die Ausbreitung der Krankheit wird durch ein naßkaltes Frühjahr und durch niedrige Temperaturen und erhöhte Feuchtigkeit vor der Kornfüllung gefördert.

Abb. 39. Basalspelzenfäule des Weizens (Aufnahme: I. B. KOROLEWAJA)

1.2.3. *Verbreitung und wirtschaftliche Bedeutung*

Die Krankheit tritt in allen getreidebauenden Gebieten auf. In einzelnen Jahren kann sie epidemische Formen annehmen. Insgesamt ist ihre wirtschaftliche Bedeutung gering.

1.2.4. *Wirtspflanzen*

Triticum spp., *Hordeum* spp., Hafer, Roggen.

1.2.5. *Bekämpfung*

Saatgutreinigung und Saatgutbeizung, Einhaltung einer hohen Ackerkultur.

1.3. *Krankheit*

Gelbschleimigkeit des Weizens
(yellow leaf spot of wheat;
желтый (слизистый) бактериоз пшеницы;
bactériose du blé)

1.3.1. *Erreger*

Corynebacterium tritici (Hutch.) Burkholder.

1.3.2. *Krankheitsbild, Krankheitsverlauf, Übertragung und Erkennung des Erregers*

Die Blätter befallener Pflanzen kräuseln sich und rollen sich ein. Auf der Oberfläche tritt eine gelbe schleimige Flüssigkeit aus, die große Mengen von Bakterien enthält. Das Exsudat trocknet und es bildet sich ein fester Belag. Die Halme sind verdreht und gebogen. Die Ähre und das Fahnenblatt werden völlig von dem gelben gummiartigen Exsudat eingehüllt, das trocknet und eine feste gelbe Kruste bildet. Die erkrankten Pflanzen bleiben im Wachstum zurück und sterben vorzeitig ab. Erkrankte Pflanzen sind im Feld nesterweise anzutreffen.

Das Bakterium tritt nur in Gemeinschaft mit dem Weizenälchen, *Anguina tritici* (Steinbuch) Filipjev, auf. Die Verbreitung erfolgt mit dem Saatgut, das gleichzeitig mit Bakterien und Nematodengallen behaftet ist. Die Larven der Nematoden dringen in die keimenden Weizenpflanzen ein und verschleppen dadurch das Bakterium in das Pflanzeninnere.

1.3.3. Verbreitung und wirtschaftliche Bedeutung

Die Bakteriose ist in Südasien, Nordafrika und Australien festgestellt worden. Ihre wirtschaftliche Bedeutung ist gering.

1.3.4. Wirtspflanzen

Triticum spp.

1.3.5. Bekämpfung

Saatgutreinigung.

1.4. Krankheit

Ovale Blattfleckigkeit des Hafers
(Halo blight of oat;
бурый (красный) бактериоз овса;
maladie bactérienne de l'avoine)

1.4.1. Erreger

Pseudomonas syringae van Hall/Pathotyp *P. coronafaciens* (Elliott) Stevens

1.4.2. Krankheitsbild, Krankheitsverlauf, Übertragung und Erkennung des Erregers

Auf Blättern junger Pflanzen treten zunächst hellgrüne, ovale, später trockene Flecke von 4–5 mm ∅

auf, die dann eine rotbraune Färbung annehmen. Auf den Blattspreiten älterer Pflanzen bilden sich große ovale, anfangs gelbe, später rotbraune Flecke mit hellerem Hof, die ineinanderfließen können. Dadurch entstehen Nekrosen mit hellen Zonierungen und von unregelmäßiger Form. Diese Symptome können leicht mit denen von Manganmangel verwechselt werden. Der helle Hof entsteht durch ein vom Erreger ausgeschiedenes Toxin, das die Chlorophyllbildung unterdrückt. Die unteren Blätter sterben häufig vorzeitig ab. Derartige Flecken können auch auf den Blattscheiden und Hüllspelzen der Ährchen auftreten. In infizierten Samen sind die Außenschichten häufig völlig zerstört und der Keimling kann sich nicht voll entwickeln. Die Infektion geht von Rückständen erkrankter Pflanzen aus. Infizierte Samen übertragen den Erreger in geringem Maße. Die Ausbreitung des Erregers erfolgt durch Regentropfen und Insekten. Die Infektion wird am häufigsten durch mechanische Beschädigungen an den Blättern ausgelöst. Die Inkubationszeit beträgt 2–3 Tage. Die Krankheit wird durch naßkaltes, windiges Frühjahrswetter begünstigt.

1.4.3. Verbreitung und wirtschaftliche Bedeutung

Die Krankheit tritt in allen haferbauenden Gegenden sporadisch auf, ihre wirtschaftliche Bedeutung ist gering.

1.4.4. Wirtspflanzen

Hafer, seltener Roggen. Der Pathotyp *P. coronafaciens* var. *atropurpurea* befällt *Bromus* spp. und andere Gräser.

1.4.5. Bekämpfung

Vermeiden eines nochmaligen Haferanbaus im Folgejahr auf derselben Fläche. Saatgutreinigung und normale Getreidebeizung.

1.5. *Krankheit*

Bakterielle Streifenkrankheit des Hafers
(Bacterial stripe blight of oat;
бактериальная полосатость овса;
taches foliaires jaune-brune de l'avoine)

1.5.1. *Erreger*

Pseudomonas syringae van Hall/Pathotyp *P. striafaciens* (Elliott) Starr et Burkholder. Der Erreger ist nahe verwandt oder identisch mit dem Pathotyp *P. coronafaciens*. Pathogene Rassen des Erregers werden beschrieben.

1.5.2. *Krankheitsbild, Krankheitsverlauf, Übertragung und Erkennung des Erregers*

Auf den Blättern entstehen zunächst eingesunkene, wasserdurchsogene Flecke, die sich später zu Streifen verlängern, welche vom gesunden Gewebe durch einen braunen, seltener gelblichen Rand abgegrenzt sind. Den Blattflecken fehlt der für den Pathotyp *P. coronafaciens* typische „Hof", wodurch beide Krankheiten unterschieden werden können. Ältere Streifen nehmen eine rostbraune Färbung an und werden durchscheinend. Bei starkem Befall kann der obere Teil der Pflanzen absterben. Auf den nekrotischen Flecken bildet sich bei hoher Luftfeuchtigkeit ein Exsudat, das zu dünnen weißen Häutchen eintrocknet. Auch die Blattscheiden und Spelzen können befallen werden. Die Ausbreitung des Erregers erfolgt wie die des Pathotyps *P. coronafaciens*.

1.5.3. *Verbreitung und wirtschaftliche Bedeutung*

Die Krankheit tritt in allen haferbauenden Gegenden sporadisch auf. Sie ist von geringer wirtschaftlicher Bedeutung.

1.5.4. *Wirtspflanzen*

Avena byzantina, Hafer, Gerste.

1.5.5. *Bekämpfung*

Die Bekämpfung wird wie bei der ovalen Blattfleckigkeit des Hafers durchgeführt.

2. Bakteriosen der Kartoffel

2.1. *Krankheit*

Bakterienringfäule
(ring rot;
кольцевая гниль картофеля;
flétrissement bactérien)

2.1.1. *Erreger*

Corynebacterium sepedonicum
(Spieck. et Kotth.) Skaptason et Burkholder

2.1.2. *Krankheitsbild, Krankheitsverlauf, Übertragung und Erkennung des Erregers*

Erkrankte Stauden vergilben schwach, die Blätter rollen sich um die Mittelrippe nach oben und vertrocknen schließlich (Abb. 40). Dieses Symptom tritt in der Regel erst im August oder einige Wochen vor der Ernte auf. Im Gegensatz zur Schwarzbeinigkeit fehlen allerdings äußere Symptome zumeist; Gefäßverbräunungen im Sproß sind selten.

Charakteristisch für die Erkrankung ist eine Desorganisation des Gewebes im Bereich des Gefäßbündelrings der Knolle. Sie ist im Längsschnitt an einer cremegelben bis schwach braunen Verfärbung der Gefäßbündelzone erkennbar (s. Abb. 11). Bei leichtem Druck tritt in halbierten erkrankten Knollen aus dieser Zone Gewebebrei aus. Dieses Symptom ist bei schwacher Erkrankung zuerst im Bereich des Nabelendes der Knolle erkennbar.

In der UdSSR wurde ferner eine „Grübchenfäule“ beschrieben, die durch schwach eingesunkene weichfaule lokale Bezirke unterhalb der Knollenschale gekennzeichnet ist. In diesem Bereich reißt die Knollenschale später auf, dadurch entstehen Hohlräume, die bis in das Knolleninnere hineinreichen.

Der Erreger dringt über Wunden in die Pflanze ein und wird über das Gefäßsystem in Trieb und Knolle transportiert. Infolge seiner langsamen Vermehrung treten die Symptome der Erkrankung erst verhältnismäßig spät auf. Als unmittelbare Ursachen werden Verstopfungen der Leitungsbahnen und Toxinbildung (Glykopeptide) beschrieben. Von praktischer Bedeutung ist die von der Pflanzknolle ausgehende Gefahr. Äußerlich in der Regel

Abb. 40. Durch *Corynebacterium sepedonicum* hervorgerufene Welkeerscheinungen an einer Kartoffelpflanze (aus STAPP)

nicht erkennbar, gelangen kranke Knollen erneut aufs Feld. Verminderter Auflauf oder spätere Erkrankung der Staude sind die Folgen; über die Stolonen werden die Tochterknollen infiziert. Bei kühlen Umweltbedingungen entwickeln sich die Symptome nicht oder schwächer. Bodentemperaturen um 18 °C fördern die Krankheitsentwicklung im Bereich der Stolonen und Knollen; Sproßerkrankungen nehmen dagegen erst bei Temperaturen um 24 °C zu.

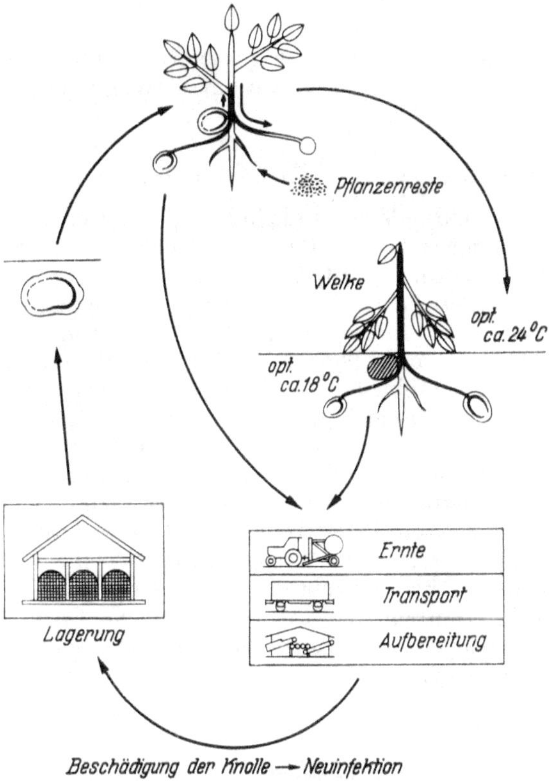

Abb. 41. Infektionszyklus von *Corynebacterium sepedonicum*

Die lange Lebensdauer des Erregers an verschiedenen unbelebten Materialien bringt bei industriemäßiger Kartoffelproduktion besondere Gefahren. Ernte-, Aufbereitungs- und Pflanzmaschinen, einmal verseucht, können zur Ausbreitung des Erregers beitragen. Die Übertragung des Bakteriums aus dem Boden, meist ausgehend von erkrankten Pflanzenresten, auf gesunde Bestände ist nachgewiesen worden; in ihrer Bedeutung tritt diese Form der Erregerübertragung jedoch hinter der Weiterverbreitung durch das Pflanzgut zurück. Den Infektionszyklus zeigt Abbildung 41.

Eine schnelle und sichere Diagnose erkrankter Pflanzen ist auf Grund des typischen Ringfäulesymptoms und mit Antiseren möglich.

2.1.3. Verbreitung und wirtschaftliche Bedeutung

Die Bakterienringfäule wurde in Europa, Nordamerika und Asien festgestellt. Der Befall ist jedoch unterschiedlich stark; die Ernte- und Lagerverluste sind häufig sehr hoch. So werden in der UdSSR Schäden gemeldet, die regional zwischen 40 und 50% liegen. Die Verluste in Alaska (USA) wurden bereits 5 Jahre nach dem Erstauftreten der Krankheit mit 10—15% angegeben. Ein 100%iger Pflanzgutbefall führt zu einer ca. 75%igen Ertragsdepression. Allein die nach der Befallsfeststellung in Schweden eingeleiteten Abwehr- und Hygienemaßnahmen erforderten in den ersten beiden Jahren 450000 Schwedische Kronen. In der DDR kommt die Bakterienringfäule nicht vor, ist aber Quarantäneobjekt. Die Ausbreitung bzw. Einschleppung des Erregers erfolgt meist mit Transportmitteln und Pflanzgut. Strenge Quarantänebestimmungen, wie sie auch für die DDR gelten, sind deshalb notwendig.

2.1.4. Wirtspflanzen

Corynebacterium sepedonicum befällt mindestens 24 Arten der Gattung *Solanum*.

2.1.5. *Bekämpfung*

Die wichtigste Maßnahme zur Verminderung weiterer Ausbreitung des Erregers besteht in der Verwendung gesunden Pflanzguts. Dies ist besonders wichtig für die industriemäßige Kartoffelproduktion. Sofern Pflanzkartoffeln halbiert werden, sind die Schnittmesser zu desinfizieren. Dazu eignen sich u. a. Formalin, Sublimat (1–2:1000) und 5%ige Lysollösung. Erfolgreich wurde Kupfersulfat zur Desinfektion von Lagerbehältern und -räumen verwendet.

Die Beizung erkrankter Knollen mit Antibiotika und quarternären Ammoniumverbindungen ist erfolgreich, hat aber noch keine allgemeine Verbreitung gefunden.

Erkranktes Pflanzgut ist nicht zu verwenden, gedämpft können die Knollen verfüttert werden.

Aussichtsreich erscheint die Resistenzzüchtung. Nach Ergebnissen, die aus mehreren Ländern vorliegen, gibt es Sorten mit erhöhter Widerstandsfähigkeit gegen die Bakterienringfäule, zu ihnen gehören u. a.: ‚Rusinovičesky', ‚Minsk', ‚Ogonek' (UdSSR), ‚Savanac' (Australien), ‚Teton' (Frankreich), ‚Merimack' (Kanada) und ‚Phulwa' (Indien).

2.2. *Krankheit*

Schwarzbeinigkeit und Knollennaßfäule

(potato black leg;
черная ножка картофеля;
jambe noire et pourriture bactérienne de pomme de terre)

2.2.1. *Erreger*

Erwinia carotovora var. *atroseptica* (van Hall) Dye (Syn. *Pectobacterium carotovorum* var. *atrosepticum* (van Hall) Dowson)

2.2.2. *Krankheitsbild, Krankheitsverlauf, Übertragung und Erkennung des Erregers*

Erwinia carotovora var. *atroseptica* ruft an Sproß und Knolle unterschiedliche Krankheitssymptome hervor. Bereits wenige Wochen nach dem Auflaufen, besonders ausgeprägt im Juni und Juli, vergilben inmitten gesunder Bestände plötzlich Einzelpflanzen, oft nur Triebe einer Staude. Die Blätter sind aufwärts gerichtet und starr, die Triebe erschlaffen schließlich, welken und weisen am Stengelgrund schwarzbraune Nekrosen aus, die weichfaul werden (Abb. 42). Die Sprosse zeigen im Querschnitt braune Gefäßbündel. An den Blattachseln und mitunter

Abb. 42. „Schwarzbeinige" Kartoffelpflanze

auch am unteren Sproßabschnitt können vereinzelt Luftknollen entstehen.

In unmittelbarem Zusammenhang damit steht eine Naßfäule der Knollen, die bereits im Sommer an den jungen Tochterknollen, meist im Bereich des Nabelendes, erkennbar ist. Häufiger tritt die Knollennaßfäule erst zum Zeitpunkt der Ernte oder im Lager auf. Charakteristisch ist eine schnell voranschreitende Zerstörung des Knollengewebes, das schließlich breiig und nur noch durch die pergamentartige Schale zusammengehalten wird (s. Abb. 21). Der anfangs farblose Faulbrei verfärbt sich bei Luftzutritt und weist einen modrig muffigen Geruch auf; erst durch das Hinzutreten von sekundären Infektionen kommt der bekannte üble Geruch faulender Knollen zustande.

Der Krankheitserreger, ein peritrich begeißeltes stäbchenförmiges Bakterium, gelangt in der Regel über Wunden ins Knolleninnere, er kann aber auch durch die äußerlich nicht sichtbar verletzte Schale eindringen. Im Gewebe werden durch den Erreger pektinolytische Enzyme freigesetzt, die die Mittellamelle der Zellen auflösen und die Naßfäule hervorrufen. Eine sehr wirksame Barriere gegen das Eindringen des Bakteriums ist das Wundperiderm. Hoher CO_2-Gehalt, eine häufige Erscheinung im Großlager, verhindert jedoch oft die Wundperidermbildung verletzter Knollen und fördert dadurch die Infektion der Knolle ebenso wie hohe Luftfeuchte und hohe Lagertemperaturen. Die Beziehungen, die zwischen Temperatur, Luftfeuchte und CO_2-Gehalt im Kartoffellager und der Knollennaßfäule bestehen, macht Abb. 43 deutlich.

Der Erreger kann auch auf der Knollenoberfläche oder latent im Gewebe in einer für die akute Erkrankung unterschwelligen Konzentration mehrere Monate überdauern und erst durch neue Streßfaktoren (Verletzungen u. a.) akute Naßfäule hervorrufen.

Vom Pflanzgut geht in der Regel auch die Primärinfektion aus. Das Bakterium gelangt aus infizierten

Knollen in den Sproß. Je nach dem Grad der Erkrankung der Mutterknolle entstehen oberirdisch, meist im Juni/Juli die Symptome der Schwarzbeinigkeit an der gesamten Staude oder nur an einzelnen Trieben. Über die Stolonen gelangt der Erreger in die Tochterknollen (Abb. 25). Wenige Knollen genügen, um ganze Partien bei der Ernte und Aufbereitung durch Schmierinfektion zu infizieren.

Der Erreger ist gut durch Differentialnährböden sowie mit Antiseren zu identifizieren.

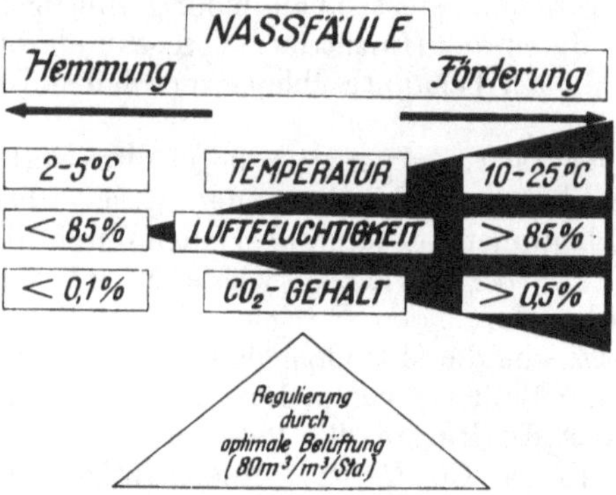

Abb. 43. Einfluß der Temperatur, der Luftfeuchtigkeit und des CO_2-Gehaltes auf die Entwicklung der Knollennaßfäule im Lager

2.2.3. *Verbreitung und wirtschaftliche Bedeutung*

Der Krankheitserreger ist weltweit in allen Kartoffelanbaugebieten verbreitet. Der Schwarzbeinigkeitsbefall erreicht Werte bis zu ca. 30%; in der DDR beträgt er durchschnittlich ca. 10%. Die Krankheit tritt auf Sandböden häufiger als auf feinerdereichen Bodenarten auf. Niederschläge in der 2. und 3. Junidekade fördern die Schwarzbeinigkeit.

Die Verluste durch Knollennaßfäule erreichen Werte bis zu 50%; die entsprechenden Werte für die DDR schwanken zwischen 0,6–2,0% bei äußerlich gesunden bzw. 2,6–6,7% bei schwarzbeinigen Stauden. Sie sind auf schweren Böden höher als auf Sandböden. Niederschläge und niedrige Temperaturen im August begünstigen die Knollennaßfäule. Besonders hohe Verluste können im Lager entstehen, wenn die Knollen naß eingelagert werden, nur langsam abtrocknen, hohe Lagertemperaturen herrschen und die Zahl der mechanischen Verletzungen groß ist.

2.2.4. *Wirtspflanzen*

Neben der Kartoffel werden durch das Bakterium zahlreiche andere Pflanzenarten aus verschiedenen Familien befallen. Zu ihnen zählen u. a.: Ackerbohne, Gelblupine, Gurke, verschiedene Kohlarten, Kürbis, Möhre, Radieschen, Tabak, Tomate, Zwiebel sowie *Delphinium* spec., *Iris pallida* und *Symphytum officinale.*

2.2.5. *Bekämpfung*

Die wirksamste Maßnahme zur Bekämpfung und Reduzierung der Krankheit besteht in dem Einsatz gesunden Pflanzgutes. Sorgfältiges Verlesen, Vermeiden von Verletzungen und langsame Erwärmung kühl gelagerter Bestände vor der Pflanzung sind wichtig.

Im Pflanzkartoffelbestand sind entsprechend den bestehenden Vorschriften mehrmals schwarzbeinige Pflanzen zu selektieren. Unmittelbar befallssenkend wirkt auch eine einmalige Selektion in Speisekartoffelbeständen. Unter den Bedingungen der DDR ist der dafür günstigste Termin Anfang Juli bei einer maximalen Knollengröße von durchschnittlich 3 cm.

Die chemische Beizung geernteter Knollen mit Antibiotika-haltigen Mitteln ist aus toxikologischen Gründen nur für Pflanzkartoffeln zugelassen.

Bei industriemäßiger Kartoffelproduktion ist auf schonende Ernte- und Aufbereitungsverfahren mit geringen Falltiefen zu achten. Einlagerung trockenen Ernteguts bzw. schnelle Abtrocknung und gute Belüftung eingelagerter Bestände fördern die Wundheilung verletzter Knollen (s. Abb. 43).

Resistente Sorten sind nicht bekannt, wohl aber Sorten mit geringerer Anfälligkeit.

2.3. *Krankheit*

Kartoffelschorf
(potato scab;
обыкновенная парша картофеля;
gale commune)

2.3.1. *Erreger*

Streptomyces scabies (Thaxt.) Waksman et Henrici

2.3.2. *Krankheitsbild, Krankheitsverlauf, Übertragung und Erkennung des Erregers*

Das an der Kartoffelknolle auftretende Krankheitsbild ist nicht einheitlich. Verschiedene Krankheitstypen haben zur Unterscheidung von Flach-, Tief- und Buckelschorf geführt. Gemeinsame Kennzeichen sind unregelmäßige, oft ineinanderlaufende rost- oder dunkelbraune und mehrere Quadratmillimeter messende Flächen, die lokal oder großflächig die Schalenoberfläche überziehen. Die Knolle wird dadurch rauh und grindig. Die Ränder sind aufgeworfen. Abgestoßene Periderm- und Parenchymzellen färben die warzigen Flächen braun. Darunter trennt eine Wundperidermschicht gesundes Gewebe ab (Abb. 44).

Beim Flachschorf ist die Zahl der abgestoßenen Periderm- und Parenchymschichten gering, die Befallsstellen befinden sich nahe der Oberfläche. Nach Beseitigung der abgestorbenen Zellen bleibt eine uhrglasförmige Wölbung zum Knolleninnern.

Der Tiefschorf weist dagegen größere Vertiefungen auf, die bis mehrere Millimeter tief das Parenchym in Mitleidenschaft ziehen. Die Wundperidermbildung setzt erst spät ein, wodurch Krater entstehen.

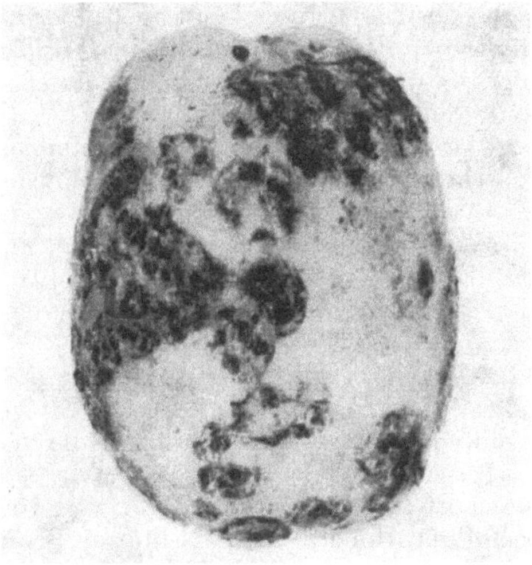

Abb. 44. Schorfkranke Kartoffelknolle

Im Gegensatz dazu sind für den Buckelschorf durch verstärktes lokales Wachstum buckel- oder warzenartige Erhebungen typisch. Sie weisen ebenfalls Reste abgestorbener und abgestoßener Zellen auf, oft bleiben aber Gewebehöcker zurück, die aus relativ großen, stärkearmen Zellen bestehen.

Zwischen diesen Symptomen gibt es alle Übergänge. Die partielle Verschorfung führt zu unregelmäßigem Wachstum und in dessen Folge zu Rissen. Damit sind gleichzeitig Eintrittspforten für andere Krankheitserreger geschaffen.

Der Kartoffelschorf wird durch Strahlenpilze, insbesondere durch die Art *Streptomyces scabies*, verursacht. Die Rassen dieses Erregers sind unterschiedlich aggressiv. *S. scabies* kann lange Zeit im Boden überdauern und ist unempfindlich gegenüber Trockenheit. Die Infektion der Knolle geht über Lentizellen oder Risse in der Schalenoberfläche vor sich. Der Erreger kann auch über die unverletzte Knollenoberfläche eindringen. Dies erfolgt im Feld besonders an der wachsenden Knolle, vornehmlich zum Zeitpunkt der Peridermbildung.

Frühroduugen lassen meist Flachschorf erkennen. Tief- und Buckelschorf sind häufiger bei später reifenden Sorten zu finden.

Der Erreger breitet sich im Gewebe schnell inter- und intrazellulär aus. Es wurden sowohl Abbau der Mittellamellen als auch die Stimulierung von Zellwachstum – Hypertrophien kambialer Zellen – beobachtet.

Neu entstandenes, regeneriertes Gewebe kann je nach den Entwicklungsbedingungen der Knolle vom Erreger wiederholt neu durchbrochen werden, wodurch die verschiedenen Schorftypen entstehen.

Der Kartoffelschorf wird in starkem Maße von Umweltfaktoren beeinflußt. Hohe Wasserkapazität im Boden wirkt befallsmindernd, warme Witterung und Bodentemperaturen mit einem Optimum von 22 °C fördern den Krankheitsverlauf. Auf leichteren, gut durchlüfteten und leicht erwärmbaren Sandböden ist der Befall stärker als auf schweren Böden. Die Neuinfektion gesunder Knollen kann von Pflanzenresten oder über den Boden erfolgen. Krankes Pflanzgut begünstigt die Verbreitung des Erregers.

Das Krankheitssymptom bietet nur selten Anlaß zu Verwechslungen mit anderen Knollenkrankheiten.

Verwechslungen mit dem Pulverschorf sind bei mikroskopischer Kontrolle an Hand der Sporenballen von *Spongospora subterranea* auszuschließen. Die Artbestimmung verlangt physiologisch-biochemische Nachweismethoden.

2.3.3. *Verbreitung und wirtschaftliche Bedeutung*

Die Krankheit ist in allen Hauptanbauzentren der Kartoffel verbreitet. Ihre wirtschaftliche Bedeutung ist umstritten. Ertragseinbußen sind selten beschrieben worden; meist kommt es lediglich zu Qualitätsminderungen. Sekundäre Verluste entstehen durch eingeschränkte Lagereignung, nachfolgende Pilz- und Bakterieninfektionen sowie hohe Schälverluste.

2.3.4. *Wirtspflanzen*

Neben der Kartoffel werden eine Reihe anderer Pflanzenarten befallen, wie z. B.: Möhre, Radieschen, Kohl- und Stoppelrübe, Zuckerrübe sowie verschiedene *Solanum* spp. und *Amaranthus* spec. An weiteren Arten gelangen experimentell Infektionen am Wurzelsystem der Pflanzen.

2.3.5. *Bekämpfung*

Häufiger Kartoffelanbau kann zur Anreicherung des Erregers im Boden führen. Klee, Lupine und Luzerne als Vorfrucht reduzieren den Befall. Der Einfluß der Azidität auf den Schorfbesatz wird unterschiedlich beurteilt, dies trifft auch für die Kalkung zu. Allgemein senken physiologisch saure Düngemittel die Befallshäufigkeit. Eine Beregnung der Kartoffel zu Beginn der Knollenbildung kann in Trockenperioden das Schorfauftreten verhüten.

Die Behandlung mit Pentachlornitrobenzol reduziert den Anteil befallener Knollen, hat sich aber allgemein nicht durchgesetzt.

Dem Anbau resistenter Sorten steht das allgemein zu geringe Angebot entsprechender leistungsfähiger Sorten entgegen.

Als resistent erwiesen sich *Solanum chacoense* und *S. commersonii*.

3. Bakteriosen der *Beta*-Rüben

3.1. *Krankheit*

Wurzelkropf der Beta-Rüben
(crown gall of beet;
рак корня; Зобоватость;
cancer végétale de la betterave)

3.1.1. *Erreger*

Agrobacterium tumefaciens (Smith et Townsend) Conn

3.1.2. *Krankheitsbild, Krankheitsverlauf, Übertragung und Erkennung des Erregers*

Durch Infektion mit *Agrobacterium tumefaciens* entstehen am Rübenkörper Tumoren unterschiedlicher Größe. In Einzelfällen erreichen diese Wucherungen ein Gewicht von mehr als 1000 g und können somit schwerer und größer als der eigentliche Rübenkörper sein. Der Zuckergehalt des neoplastischen Gewebes liegt gewöhnlich 1—2% niedriger als der der eigentlichen Rübe. Hin und wieder wurden auch Wucherungen der Laubblätter von Zuckerrüben beobachtet.

A. tumefaciens ist ein Wundparasit. Der Erreger dringt vom Boden her durch feinste Wunden in das Wirtsgewebe (Wurzel, Wurzelhals) ein. Inokulation durch die Stomata (Vakuum-Infiltration) führt nicht zur Infektion.

A. tumefaciens ist in steriler Erde über ein Jahr lebensfähig, in tätigen Böden bleiben die Bakterien über mehrere Jahre hinweg virulent. Bei entsprechender Bodenfeuchte wandert der Erreger täglich eine Strecke von etwa 1 cm. Das Krankheitsbild an *Beta*-Rüben könnte mit der durch einen anderen bakteriellen Erreger verursachten „Tuberkulose“ der Rüben verwechselt werden (s. S. 169) Wenn notwendig, müssen Reinkulturen des Erregers gewonnen und bestimmt werden. Das charakteristische Krankheitsbild läßt sich durch Beimpfen gesunder Rüben mit pathogenen Reinkulturen von *A. tumefaciens* reproduzieren.

3.1.3. *Verbreitung und wirtschaftliche Bedeutung*

A. tumefaciens ist weltweit verbreitet und kommt besonders in baumschulisch genutzten Böden häufig vor. Auf alkalischen Böden ist mit stärkerem Befall zu rechnen. Jungfräuliche Böden sind meist frei von *A. tumefaciens*. In der Regel werden nur Einzelpflanzen eines Bestandes befallen, so daß die Krankheit für die Zuckerrübenproduktion keine wesentliche Bedeutung erlangt.

3.1.4. *Wirtspflanzen*

In mehr als 60 Pflanzenfamilien finden sich zahlreiche anfällige Arten.

3.1.5. *Bekämpfung*

Infolge der geringen wirtschaftlichen Bedeutung der Krankheit im Rübenbau werden keine gezielten Bekämpfungsmaßnahmen angewandt.

Für eine unterschiedliche Sortenanfälligkeit gibt es keine Hinweise.

3.2. *Krankheit*

Tuberkulose der Rüben

(bacterial pocket disease of sugar beet;
туберкулез свёклы;
bactériose de la betterave)

3.2.1. *Erreger*

Xanthomonas beticola (Smith et al.) Săvulescu
Es handelt sich um einen nicht eindeutig beschriebenen Erreger, dessen genaue Bezeichnung unsicher ist.

3.2.2. *Krankheitsbild, Krankheitsverlauf, Übertragung und Erkennung des Erregers*

Das Krankheitsbild gleicht weitgehend dem des Wurzelkropfes, ist jedoch dadurch von diesem zu unterscheiden, daß im Inneren der Wucherungen kleine, wasserdurchsogene, braungefärbte Bereiche (Kavernen) auftreten. In diesen Bereichen finden sich zahlreiche Bakterien, die leicht zu isolieren sind. Äußerlich sollen die durch diese Bakteriose verursachten Wucherungen zuweilen durch ihre rissige, dunkle Oberfläche vom Wurzelkropf zu unterscheiden sein. *X. beticola* ist als typischer Wunderreger auf Verletzungen der Epidermis beim Infektionsvorgang angewiesen. Der Erreger soll sehr widerstandsfähig gegen Austrocknung sein und längere Zeit im Boden überdauern.

Zur gesicherten Differentialdiagnose gegenüber dem Wurzelkropf ist es notwendig, den Erreger aus den Kavernen zu isolieren. Mit einer determinierten Reinkultur läßt sich die Tuberkulose ohne Schwierigkeiten an gesunden Futter- bzw. Zuckerrüben erzeugen.

3.2.3. *Verbreitung und wirtschaftliche Bedeutung*

Der Erreger wurde bisher nur in den USA, in einigen Gebieten der UdSSR sowie vermutlich in Dänemark nachgewiesen. Auf Befallsflächen können 10 Prozent des Pflanzenbestandes infiziert sein.

3.2.4. *Wirtspflanzen*

Futter- und Zuckerrübe, bei künstlicher Infektion auch Rote Bete und Mangold.

3.2.5. *Bekämpfung*

Dem Auftreten der Krankheit soll in Befallslagen durch eine ausgeglichene Düngung und durch Einschränkung der Gaben von leichtlöslichem Stickstoff (Salpeter) entgegenzuwirken sein.

4. Bakteriosen der Futterpflanzen

4.1. Krankheit

Bakterielle Luzernewelke
(bacterial wilt of alfalfa;
увядание люцерны;
flétrissement et jaunissement de la luzerne)

4.1.1. Erreger

Corynebacterium insidiosum (McCulloch) Jensen

4.1.2. Krankheitsbild, Krankheitsverlauf, Übertragung und Erkennung des Erregers

Die besonders in den USA weitverbreitete Luzerne-Krankheit tritt in der Regel im zweiten oder dritten Standjahr der Kultur deutlich in Erscheinung. Als Gefäßbakteriose äußert sie sich erst dann, wenn die Pflanzen bereits ernstlich erkrankt sind. Kranke Pflanzen sind durch Zwergwuchs, Hexenbesenwuchs und Gelbfärbung der Blätter gekennzeichnet. Besonders bei heißer, trokkener Witterung kommt es zu deutlichen Welkeerscheinungen. Die Wüchsigkeit befallener Pflanzen ist insgesamt beeinträchtigt. Nesterweise kommt es zum Absterben der Pflanzen. Derartige Fehlstellen vergrößern sich mit jedem Schnitt.

Da der Erreger nicht in unverletzte Pflanzen eindringen kann, spielen offenbar Frostschäden, die zu Rissen der Rinde am Wurzelhals führen, oder auch durch Insekten verursachte Wunden, eine Rolle beim Infektionsgeschehen. Die eingedrungenen Bakterien vermehren sich in den Gefäßen und führen zu Verstopfungen, die wiederum die o. g. Symptome zur Folge haben. Der Erreger überwintert in den Wurzeln und im Wurzelhals infizierter Pflanzen. Von dort wird er beim Schnitt auf gesunde Pflanzen übertragen. Samenübertragung ist möglich. In sterilem Boden vermag *C. insidiosum* nur schlecht zu überdauern. Bei kranken Pflanzen ist am Querschnitt der Hauptwurzel der äußere Teil des Holzes gelb und später dunkel verfärbt. Wenn man die Rinde mittels eines Messers löst, läßt sich die typische Verfärbung erkennen. Die charakteristischen Farbveränderungen finden sich an allen Teilen der Wurzel. Im Gegensatz dazu treten Verfärbungen als Folge von Frost nur im Bereich des Wurzelhalses auf und beschränken sich in der Regel auf den inneren Teil des Wurzelquerschnittes. Eine gesicherte Diagnose kann nur die Isolierung und Bestimmung des Erregers liefern. Er gibt sich in Kultur durch die Bildung eines blauen Farbstoffs gut zu erkennen. Größere Ansammlungen Gram-positiver Bakterien im Gefäßteil erkrankter Pflanzen sind als wichtiger Hinweis für das Auftreten von *C. insidiosum* zu werten.

4.1.3. *Verbreitung und wirtschaftliche Bedeutung*

Die Gefäßbakteriose tritt stark schädigend in den USA auf, wobei in einigen Staaten der jährliche Ernteverlust mit etwa 20% angegeben wird. In Europa trat *C. insidiosum* in Italien, der VR Polen, der ČSSR und – ausschließlich an *Melilotus* – in der UdSSR auf.

4.1.4. *Wirtspflanzen*

Bedeutendste Wirtspflanze ist die Luzerne (*Medicago sativa*). Darüber hinaus können *M. falcata* sowie andere *Medicago*-Arten und auch *Melilotus alba* Wirte sein.

4.1.5. *Bekämpfung*

Bekämpfungsmaßnahmen gegen die Luzernewelke sind prophylaktischer Natur. Von infizierten Beständen sollte kein Saatgut gewonnen werden. Als Hauptweg der Bekämpfung bietet sich der Anbau resistenter Sorten an.

Für eine gezielte Resistenzzüchtung wurden Methoden der Prüfung im Gewächshaus und im Freiland entwikkelt. Da während der Kultivierung des Erregers Pathogenitätsverluste auftreten können, wird empfohlen, das Inokulum für Resistenzprüfungen in Form infizierter Wurzeln bei −20 °C aufzubewahren.

4.2. Krankheit

Ackerbohnenbakteriose
(bacterial blight of broad bean;
бактерияльный гниль бобов, бактериоз конских бобов
maladie bactérienne de la fève)

4.2.1. Erreger

Pseudomonas fabae (Yu) Burkholder[1])

4.2.2. Krankheitsbild, Krankheitsverlauf, Übertragung und Erkennung des Erregers

Deutliche Symptome der Krankheit werden in der Regel erst gegen Ende der Ackerbohnenblüte ausgebildet. An den unteren Blättern vertrocknen die Blattspreiten vom Blattrand her, wobei sich die abgestorbenen Blattpartien nach der Blattoberseite zusammenrollen. An den Außen- und Innenseiten der Hülsen finden sich dunkelgrüne bis schwarze Flecke. Bei geöffneten Hülsen kann man an den sich unter derartigen Flecken befindlichen Samen dunkle bis schwarze Verfärbungen der Samenschale feststellen. Bei trockener, heißer Witterung schreitet die Symptomausbildung rasch fort. Die braunschwarz verfärbten Blätter werden abgeworfen, so daß sich an der Pflanze nur noch die fleckig oder insgesamt schwarz verfärbten Hülsen und einige weniger stark befallene Spitzenblätter befinden. Anfang August kann bereits die gesamte Blattmasse vernichtet sein, wobei auch Blattstiele und Pflanzenstengel unter Schwarzfärbung vertrocknen (Abb. 45). Die Samen zeigen

[1]) Gilt neuerdings als nicht ausreichend belegte Art.

schwarze runde bis ovale oder unregelmäßige, ca. 2 mm große Flecke, die in der Mitte kraterförmig eingesunken sind. Bei Verwendung einer Lupe läßt sich feststellen, daß das eingesunkene Zentrum der Flecke auf der Samenschale heller gefärbt ist. Im weiteren Verlauf der Entwick-

Abb. 45. Bakterienbefall an Ackerbohne

lung können die Flecke zu einer großen Läsion zusammenfließen. Die Symptome an den Samen lassen sich histologisch verfolgen: während anfänglich lediglich die Parenchymzellen verfärbt sind, verbräunen im fortgeschrittenen Stadium der Erkrankung auch die „Sanduhrzellen" und die palisadenförmigen Epidermiszellen. Später kollabieren die Parenchym- und „Sanduhrzellen", wobei das Zentrum der Flecke einsinkt. Durch eindringende Luft schließlich erscheinen die eingesunkenen Zentren heller gefärbt.

Die Bakteriose wird mit dem Saatgut übertragen. Ein zweiter Infektionsweg ist in der Übertragung von Pflanze zu Pflanze innerhalb des Bestandes zu sehen. Dafür spricht die beobachtete nesterweise Ausbreitung der Krankheit im Feldbestand. Inwieweit Beschädigungen der Pflanzen durch saugende oder beißende Insekten (z. B. Aphiden bzw. *Sitona*-Arten) Einfluß auf die Ausbreitung im Bestand haben können, ist noch nicht sicher geklärt.

Die Diagnose anhand des Krankheitsbildes kann durch den Nachweis beweglicher Bakterien in den Samen-Parenchymzellen, die an das verbräunte Gewebe angrenzen, gesichert werden. Dazu werden Schnitte mindestens für $^1/_2$ Stunde in Wasser gelegt und anschließend mikroskopisch untersucht.

4.2.3. *Verbreitung und wirtschaftliche Bedeutung*

Die Bakteriose wurde bisher in China, in der UdSSR und der DDR beschrieben. Ihre Verbreitung ist jedoch offenbar weit größer. Die durch *P. fabae* verursachten Ausfälle können bedeutend sein. Konkrete Angaben fehlen.

4.2.4. *Wirtspflanzen*

Ackerbohne (*Vicia faba*). Bei experimenteller Infektion waren Gelbe Lupine, Esparsette, Erbse, Soja, Linse und Kichererbse hoch anfällig.

4.2.5. *Bekämpfung*

Bei verstärktem Auftreten von *P. fabae* sollten Ackerbohnenbestände untereinander und von anderen Leguminosen räumlich isoliert sein. Gut gepflegte und optimal ernährte Bestände sollen weniger anfällig sein. Direkte Bekämpfungsmaßnahmen, wie Saatgutbehandlung, haben noch keinen Eingang in die Praxis gefunden.

5. Bakteriosen des Kohls

5.1. Krankheit

Bakterielle Naßfäulen des Kohls
(bacterial soft rot;
мокрая гниль капусты;
pourriture bactérienne des choux)

5.1.1. Erreger

Erwinia carotovora var. *carotovora* (Jones) Dye
Erwinia carotovora var. *atroseptica* (van Hall) Dye
Erwinia carotovora var. *carotovora* (Jones) Dye – Biotyp *aroideae* (Townsend) Holland

5.1.2. Krankheitsbild, Krankheitsverlauf, Übertragung und Erkennung des Erregers

Punktförmige, kleine schwarze Flecke auf der Blattspreite sind die ersten Anzeichen einer Erkrankung durch Erreger der Naßfäule des Kohls. Sie sind durchscheinend, das unmittelbar angrenzende Gewebe vergilbt. Bei Feuchtigkeit vergrößern sich diese Nekrosen und gehen ineinander über. Bei Trockenheit kann die Infektion in diesem Stadium zum Stillstand kommen. Werden schließlich größere Bezirke des Blattes erfaßt, wird das Gewebe glasig, verliert an Feuchtigkeit und fault (Abb. 46). Oft ist die Erkrankung äußerlich nicht gleich erkennbar, erst ein Querschnitt durch den Kohlkopf macht die Fäule sichtbar.

Dieses cremefarbene, braune oder auf Blättern auch schwarzbraune Aussehen kann durch verschiedene Bakterienarten hervorgerufen werden. In der DDR sind *Erwinia carotovora* var. *carotovora*, *E. carotovora* var. *atroseptica* und *E. carotovora* var. *carotovora* Biotyp *aroideae* etwa im Verhältnis 46:40:14 mit ca. 85% die hauptsächlichsten Erreger einer Naßfäule des Kohls. Sie tritt besonders gravierend in Lagerbeständen auf, seltener im

Freiland. Frühzeitige Infektionen können zum Absterben der Pflanze führen oder rufen Wachstumsstörungen hervor. Die Pflanzen entwickeln sich langsamer, bleiben im Wachstum um ca. 3 Wochen zurück; die Kopfbildung kann unterbleiben oder unvollständig sein. Der Krankheitsverlauf ist sortenspezifisch unterschiedlich, wobei in der Regel zwischen der Reaktion junger und alter Pflanzen keine Korrelation besteht. Oft werden nur die äuße-

Abb. 46. Naßfäule an Chinakohl im Bestand

ren, den Kopf umschließenden Blätter naßfaul, manchmal ist der Kopf nur partiell erkrankt (Abb. 47) oder vom Strunk ausgehend nur im Inneren faul.

Die Erreger wurden auch vom Blumenkohl isoliert. Hier entstehen besonders auf der Blume Naßfäulen, die bei unsachgemäßer Lagerung das Produkt in wenigen Tagen unverkäuflich machen.

Besonders gefährdet ist unter europäischen Verhältnissen der Chinakohl (*Brassica pekinensis*). Von dieser, für die durchgehende Frischgemüseversorgung wichtigen Kohlart wurden in der DDR *Erwinia carotovora* var.

carotovora und deren Biotyp *aroideae* isoliert. Die ersten Anzeichen einer Erkrankung treten gewöhnlich in den Blattachsen und entlang der Mittelrippen auf. Befallene Pflanzenteile verfärben sich dunkel und werden durchscheinend. Das Gewebe wird breiig, der Zellverband ist

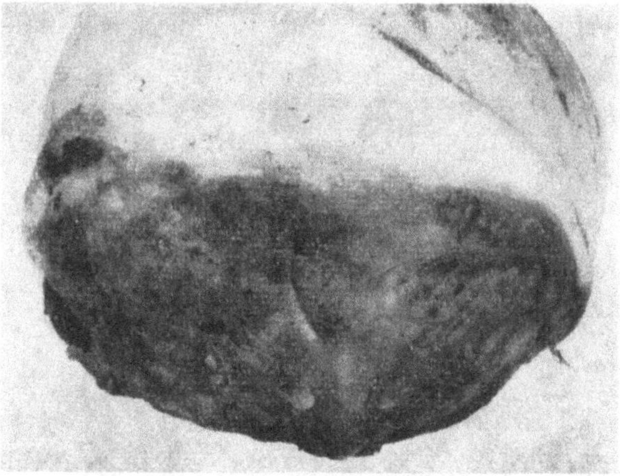

Abb. 47. Partielle Naßfäule an Weißkohl durch *Erwinia* spec.

zerstört. Die Blätter vergilben. Oft findet man nach dem Zurückschlagen der Außenblätter des Kopfes im Inneren nur noch eine breiige Masse. Die oberirdischen Pflanzenteile können völlig verfaulen. Hohe Luftfeuchte und Temperaturen über 20 °C fördern die Krankheitsentwicklung. Bei trockenem Wetter welken erkrankte Pflanzen vorzeitig, da infolge zerstörter Gewebepartien die Wasserzufuhr ungenügend ist.

Für die Übertragung der Bakterien haben primäre Schäden durch Insekten große Bedeutung. So konnte nachgewiesen werden, daß Larven der Kohlfliege (*Phorbia brassicae*) und von Kohltriebrüßlern (*Ceutorrhynchus* spec.) Eintrittspforten schaffen sowie Erdflöhe, Kohlweißlingsraupen, Schnecken, Nematoden u. a. beteiligt zu sein scheinen. Beide Bakterienarten konnten z. B. von Eiern und aus dem Inneren der Kohlfliege isoliert werden.

Die peritrich begeißelten stäbchenförmigen Bakterien dringen in der Regel durch Wunden in die Pflanze ein. Pektinolytische Enzyme zerstören die Mittellamellen der Zellen, der Erreger breitet sich anschließend hauptsächlich im Parenchym aus, in der Regel nicht in den Gefäßbündeln. Die oft starken Schleimabsonderungen haben auch zur Bezeichnung „schleimige Bakteriose" geführt.

Selten ist jedoch nur eine Erregerart allein anzutreffen. Im Lager treten häufig gleichzeitig *Botrytis* spec. und andere Mykosen auf.

Die Identifizierung der Erreger gelingt am einfachsten auf serologischem Wege.

5.1.3. Verbreitung und wirtschaftliche Bedeutung

Die genannten Erreger der bakteriellen Naßfäule des Kohls sind weltweit bekannt und verbreitet. Während die Verluste im Freiland bei Kopfkohl in der Regel unbedeutend sind und nur in Gebieten oder Jahren mit hohen Temperaturen und hoher Luftfeuchte ansteigen, treten starke Verluste im Lager, in Samenträgerbeständen sowie bei Blumenkohl und Chinakohl mit großer Häufigkeit auf.

Die Lagerverluste bei Kopfkohl werden mit 35–44% angegeben, sie können jedoch oft darüber liegen. Temperaturen zwischen 20 und 25 °C und hohe Luftfeuchte fördern diese. Große Schäden entstehen auch an eingemieteten Samenträgern. Bei Chinakohl kommt es nicht selten zu Totalverlusten.

5.1.4. Wirtspflanzenkreis

Der Wirtspflanzenkreis ist außerordentlich groß. Zum Beispiel werden neben Kohlarten Acker- und Gartenbohne, Gurke, Möhre, Pastinak, Salat und Zwiebel befallen. Mit zu den wichtigsten Wirtspflanzen zählt die Kartoffel, Gramineen und Leguminosen bleiben dagegen befallsfrei.

5.1.5. Bekämpfung

Bei der Bekämpfung der bakteriellen Naßfäule des Kohls stehen prophylaktische Maßnahmen im Vordergrund. Zu ihnen zählen: Das Unterpflügen kranker Pflanzenreste, weitgestellte Fruchtfolge für die Kohlarten, kein Anbau nach Kartoffeln. Rüben, Leguminosen und Gramineen sind als Vor- und Nachfrüchte geeignet. Für Dauerlagerung vorgesehener Kohl ist beschädigungsarm und trocken zu ernten, die Lagertemperaturen und die Luftfeuchte sind möglichst niedrig zu halten (mittlere Feuchtigkeit und Lagertemperaturen wenige Grade über Null).

Bei Samenträgerbeständen ist darauf zu achten, daß vor der Frostperiode geerntet und eingelagert wird. In laufenden Kontrollen ist der Gesundheitszustand zu überprüfen.

Samenträgerbestände sind von Konsumbeständen isoliert aufzupflanzen.

Wirksame Bakterizide sind z. Z. noch nicht auf dem Markt. Bedeutung hat jedoch die Insektenbekämpfung. Dadurch kann sowohl die passive Ausbreitung der Erreger als auch die Zahl der Eintrittspforten gemindert werden.

5.2. Krankheit

Adernschwärze des Kohls
(black rot of cabbage;
сосудистый бактериоз капусты;
pourriture noire des crucifères)

5.2.1. Erreger

Xanthomonas campestris (Pammel) Dowson

5.2.2. Krankheitsbild, Krankheitsverlauf, Übertragung und Erkennung des Erregers

Charakteristische Kennzeichen für das Krankheitsbild dieser Bakteriose ist die Schwarzfärbung der Blattadern (Abb. 48). Dies ist besonders beim Weißkohl deutlich sichtbar und oft auf einzelne Blattabschnitte begrenzt. Die Blätter vergilben in der Regel und werden schließlich pergamentartig. Äußere Blätter fallen ab.

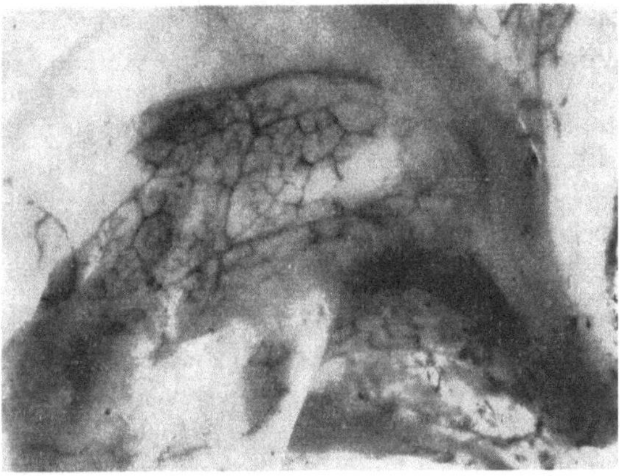

Abb. 48. Adernschwärze des Kohls

Erkrankte Jungpflanzen können innerhalb weniger Wochen absterben, oder es kommt nicht zur Kopfbildung. Ungleichmäßiges Wachstum sind Folgen partiellen Befalls der Pflanze. Querschnitte durch den Strunk und den Kopf zeigen schwarz verfärbte Gefäßbündel, in denen Bakterien angereichert sind. Sie treten aus Anschnitten oft in Form von Schleimtropfen heraus. Diese Verfärbung der Gefäßbündel im Strunk ist äußerlich meist nicht erkennbar. Nicht immer muß eine Adernschwärze auf den äußeren Blättern des Kopfkohls mit diesem Symptom einhergehen. Überhaupt reagieren die einzelnen Wirte unterschiedlich. Erkrankter Kohlrabi ist erst im Anschnitt durch schwarze Adernverfärbung im Bereich der verdickten Sproßachse erkennbar. Oft entstehen Hohlräume. Große Hohlräume bilden sich auch bei infizierten Steckrüben im Bereich des Rübenkörpers; Zwergwuchs und Blattfall sind die äußeren Symptome.

Der Erreger dieser Gefäßbakteriose, *Xanthomonas campestris*, ist ein aerobes, gramnegatives stäbchenförmiges Bakterium. Es ist polar begeißelt, kommt einzeln, paarweise oder in Ketten vor.

Primärinfektionen gehen meist vom Samen aus. Oft sterben infizierte Sämlinge frühzeitig, die Auflaufrate ist verringert oder es kommt zu unregelmäßiger oder keiner Kopfbildung. Die Pflanze kann jedoch auch in allen späteren Entwicklungsstadien infiziert werden. Dies ist nach Verletzung oder durch natürliche Öffnungen möglich. Die Überdauerung des Erregers im Boden ist an Pflanzenreste gebunden, die gleichzeitig Infektionsquelle sein können. Gelangt der Erreger durch natürliche Öffnungen in die Pflanze, breitet er sich zunächst interzellulär aus, bis er schließlich über die Enden der Spiralgefäße in die Gefäßbündel gelangt. Von den Interzellularräumen aus werden die Mittellamellen aufgelöst. Der Zelldesorganisation folgt ein Abbau der Wandsubstanz; die Folge sind die entstehenden Hohlräume.

Die intensive Besiedlung der Gefäße und Interzellularräume führt zu Verstopfungen. Dadurch werden Wassertransport und Luftzufuhr gestört (Abb. 49).

Der Erreger gelangt über die Gefäßbündel in die Samenanlagen.

Die Inkubationszeit ist sortenspezifisch unterschiedlich lang und wird von dem Infektionsort beeinflußt (Wunde, Spaltöffnung o. ä.). Häufig werden 10–15 Tage angegeben; jedoch kann bei niederer Luftfeuchte dieser Zeitraum doppelt oder dreifach so lang sein. Heiße trockene Witterung bringt nicht selten die Infektion zum Stillstand, bei geänderten Witterungsbedingungen schreitet die

Erkrankung jedoch fort und dies meist intensiver als vorher.

Außer durch die eindeutigen Krankheitssymptome ist die Charakterisierung und Identifizierung des Erregers mittels biochemischer und physiologischer Reaktionen möglich.

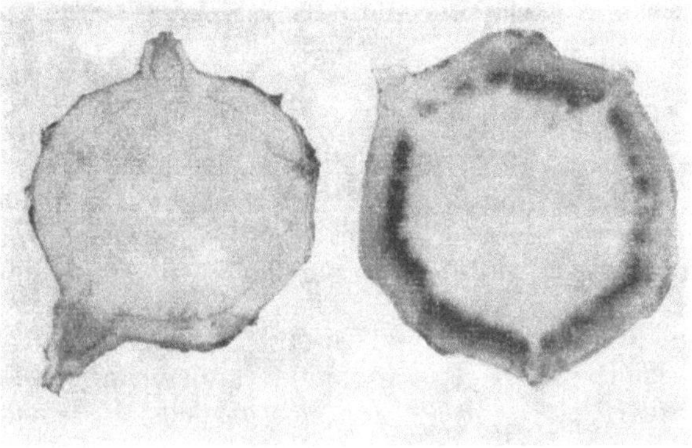

Abb. 49. Gefäßverbräunungen durch *Xanthomonas campestris* an Weißkohl (links: gesund, rechts: Befall)

5.2.3. *Verbreitung und wirtschaftliche Bedeutung*

Die um die Jahrhundertwende erstmals beobachtete Krankheit ist inzwischen aus fast allen europäischen Staaten beschrieben worden. Neben ihrer starken Verbreitung in Amerika liegen Berichte über das Auftreten der Bakteriose aus Afrika, Australien und Asien vor.

In der UdSSR zählt diese Gefäßbakteriose zu den wichtigsten Krankheiten des Kohls. Besondere Bedeutung gewinnt sie in industriemäßiger Produktion und bei der Großraumlagerung des Ernteguts.

Bei stark verseuchtem Boden waren in der UdSSR unter Praxisbedingungen ca. 90% der Pflanzen erkrankt, der Minderertrag wurde mit 180 dt/ha beziffert. Zu dem unmittelbaren Verlust durch Pflanzenausfall, Verringerung des Anteils verkaufsfähiger oder lagerfähiger Ware kommt eine nicht immer gleich sichtbare Qualitätsminderung: Kranke Pflanzen haben geringere Trockensubstanz, lösliche Zucker sind gemindert. Der Monosaccharidgehalt ist in weißen Blättern des Weißkohls um ca. 36—49%, in grünen um 2—26% geringer als in gesunden Kontrollpflanzen. Dies wirkt sich ungünstig auf die industrielle Verarbeitung des Kohls aus (Säuerungsprozeß).

5.2.4. *Wirtspflanzen*

Xanthomonas campestris befällt in erster Linie Kreuzblütler. Selten wurde er von Vertretern anderer Familien isoliert, so wie z. B. aus der Familie der *Nyctaginaceae*. Neben der Gattung *Brassica* werden auch Arten von *Matthiola* und *Raphanus* befallen. Wirte sind z. B. Blumen-, China-, Kopf- und Grünkohl, Kohlrabi sowie verschiedene andere *Brassica* spp., Radieschen, ferner *Boerhaavia erecta*, *Matthiola incana* und *M. incana annua*.

5.2.5. *Bekämpfungsmaßnahmen*

Prophylaktische Maßnahmen haben den Vorrang. Dazu zählt vor allem die Verwendung gesunden Saatguts.

Saatgutbeizung ist mit Quecksilberpräparaten möglich. Bewährt hat sich eine Warmwasserbehandlung bei 50 °C und 15—30 min Dauer, obgleich gewisse Keimschäden (bis zu 20%) dabei berücksichtigt werden müssen.

In der Pflanzenanzucht sind Desinfektion der Arbeitsmittel und der Erde wichtig.

Weitgestellte Fruchtfolge im Freiland reduziert den Befall vom Boden aus. Wiederholter Kohlanbau sollte nicht früher als nach 3—4 Jahren am gleichen Standort erfolgen. Kreuzblütler eignen sich nicht als Zwischenfrucht.

Kranke Pflanzen sind nicht zu kompostieren. Nach der Ernte müssen auf Feldern mit Befall durch Adernschwärze die Strünke der Pflanzen nach dem Schälen abgeeggt und vernichtet werden.

In Samenträgerbeständen sind befallene Pflanzen sorgsam auszusondern. In der Saatgutproduktion hat vor dem Pflanzen eine gründliche Vorselektion zu erfolgen: Durch Entfernen der äußeren 2—3 Hüllblätter ist festzustellen, ob die Mutterpflanze gesund ist.

Es gibt sortenspezifische Unterschiede in der Anfälligkeit. So ist die Kohlsorte ‚Sawadowka' seltener befallen als andere; die Inkubationszeit ist auf dieser Sorte etwa 6mal so lang wie bei Vergleichssorten.

5.3. Krankheit

Blattfleckenkrankheit des Blumenkohls

(bacterial spot disease of cauliflower;
бактериальная листовая пятнистость цветной капусты;
taches des feuilles des choux)

5.3.1. Erreger

Pseudomonas maculicola (McCulloch) Stevens[1])

5.3.2. Krankheitsbild, Krankheitsverlauf, Übertragung und Erkennung des Erregers

Die erstmalig in den USA Anfang der Jahrhundertwende entdeckte Bakteriose ruft auf Blattspreiten bräunliche bis purpurfarbene Flecke hervor (Abb. 50). Die wenige Millimeter großen wasserdurchsogenen Nekrosen fließen mitunter flächig zusammen. Gleiche Symptome zeigen die Blattrippen. Das Blattgewebe schrumpft schließlich, es wird gelb und fällt ab.

Die Krankheit wird durch ein stäbchenförmiges, polar begeißeltes Bakterium hervorgerufen. Sie wird durch Samen übertragen, kann aber auch über Spaltöffnungen

1) Gilt neuerdings als nicht vollständig beschriebene Art.

eindringen. Allerdings scheint dies nur in einem bestimmten Alter möglich zu sein. Die erkrankten Jungpflanzen sind in der Regel auch Ausgangspunkt für die spätere Infektion der Köpfe. Es wurde jedoch auch beobachtet, daß nur die Köpfe erkranken und die Blätter keine Symptome zeigten. Das Bakterium kann auf Pflanzenresten überwintern. Von der erkrankten Keimpflanze aus gelangt der Erreger auch in die Schoten und Samen. Auf Stengeln und Blüten sind die Flecke länglich und schwarz. Während die Fäule im Anfang trocken ist, geht sie später in eine Naßfäule über. Hohe Luftfeuchte (90%) und Temperaturen zwischen 17 bis 25 °C fördern die Ausbreitung des Bakteriums. Die Inkubationszeit beträgt nur 4—5 Tage.

Auf dem Feld beschädigt die Blattwanze *Euryphalmus corvivus* die Pflanzen und trägt dadurch zur Verbreitung der Bakteriose bei.

Abb. 50. *Pseudomonas maculicola* an Blumenkohl (aus STAPP)

5.3.3. *Verbreitung und wirtschaftliche Bedeutung*

Pseudomonas maculicola ist vom amerikanischen und afrikanischen Kontinent bekannt und wurde ebenfalls in Asien gefunden. In Europa kommt das Bakterium in mehreren Ländern vor.

Die wirtschaftliche Bedeutung der Krankheit ist unterschiedlich zu bewerten. Auf stark verseuchten Schlägen ist mit etwa 30% Ausfall zu rechnen.

5.3.4. *Wirtspflanzenkreis*

Neben Blumenkohl werden auch Weiß-, Rot-, Wirsing- und Rosenkohl befallen. Grünkohl scheint resistent zu sein.

5.3.5. *Bekämpfung*

Durch Saatgutbeizung mit Quecksilberpräparaten ist der Befall zu reduzieren. Auch Heißwasserbehandlungen haben sich bewährt. Zur Vorbeugung ist eine Bodendesinfektion im Saatbeet anzuraten.

6. Bakteriosen der Möhre

6.1. *Krankheit*

Möhrennaßfäule
(soft rot of carrots;
мокрая гниль моркови;
pourriture bactérienne de la carotte)

6.1.1. *Erreger*

Erwinia carotovora (Jones) Holland

6.1.2. *Krankheitsbild, Krankheitsverlauf, Übertragung und Erkennung des Erregers*

Die Möhrennaßfäule tritt sichtbar nur an den Möhrenwurzeln in Erscheinung. Schäden zeigen sich vornehmlich an eingelagerten Speisemöhren bzw. an Möhren, die zur Saatgutgewinnung im Lager überwintert werden.

Äußerlich ist die Krankheit zunächst an hellbräunlichen Flecken auf der Oberfläche des Rübenkörpers kenntlich, die gewöhnlich am Wurzelkopf beginnen. Beim

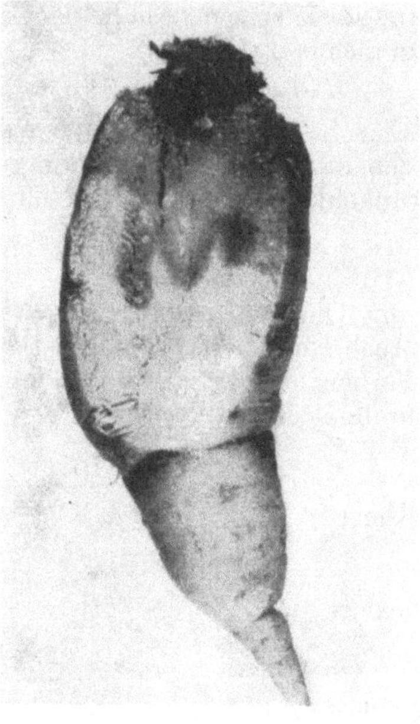

Abb. 51. Möhrennaßfäule

Durchschneiden der Möhren stellt man dann mehr oder weniger tief reichende bräunliche, gegen das gesunde Gewebe scharf abgesetzte Faulstellen im Inneren fest. Das Möhrengewebe hat an diesen Stellen seine feste Konsistenz verloren und ist in eine typische Weichfäule übergegangen (Abb. 51).

Da sich im Gefolge der *E. carotovora*-Infektion im allgemeinen auch andere (saprophytische) Bakterien im erkrankten Möhrengewebe ansiedeln und kräftig vermehren, entwickelt sich in der Regel ein sehr unangenehmer Geruch, der von der Zersetzung Schwefel-haltiger Eiweißbestandteile herrührt (ähnlich wie bei der Kartoffelnaßfäule). Die Infektion erfolgt über Wunden, die im Laufe des Ernteprozesses oder bei der Einlagerung entstehen. Als Infektionsquelle kommt wohl neben dem Boden in erster Linie die Oberfläche des Rübenkörpers selbst in Betracht. Dabei ist zu berücksichtigen, daß der Möhrenkörper allgemein ein ideales Substrat für Mikroorganismen darstellt (auch für Pilze), da er alle notwendigen Nährstoffe in einem geeigneten Verhältnis und in ausreichender Menge enthält. Darum werden lagernde Mohrrüben auch leicht von fäulnisauslösenden Mikroorganismen befallen. Übrigens sollen Möhren mit einem hohen Invertzuckeranteil stärker gefährdet sein als solche mit überwiegendem Saccharose-Anteil.

Als Überträger der Krankheit kommen alle am Möhrenkörper bohrenden und beißenden Insekten in Betracht. Bei der Stengelfäule des Maises und der Fruchtfäule an Paprika ist *Pyrausta nubilalis* als *Erwinia*-Vektor nachgewiesen worden. Am wichtigsten dürfte allerdings — entsprechend den Verhältnissen bei der Knollennaßfäule der Kartoffel — bei der Übertragung der Krankheit der direkte Kontakt zwischen befallenen und gesunden Mohrrüben sein. Eine Infektion gelingt allerdings nur dann, wenn dem Erreger ein Eindringen in den Wurzelkörper infolge von Beschädigungen der Mohrrübenoberfläche möglich ist.

Zur Erkennung des Erregers überträgt man befallene Pflanzenteile auf Kartoffel- oder Möhrenscheiben und untersucht nach 2—3 Tagen, ob eine Naßfäule entstanden ist.

6.1.3. Verbreitung und wirtschaftliche Bedeutung

E. carotovora ist ein weltweit verbreiteter Erreger. Er kommt überall vor, wo seine Wirtspflanzen kultiviert werden. Die von ihm an Lagermöhren verursachten Schäden schwanken in Abhängigkeit von den Ernte- und

Einlagerungsbedingungen von Jahr zu Jahr. Da gleichzeitig auch pilzliche Fäulen auftreten können, ist eine genaue Angabe des Schadensumfangs nicht möglich. In ungünstigen Jahren allerdings dürften sich die Verluste auf $> 5\%$ belaufen.

6.1.4. *Wirtspflanzen*

Der Wirtspflanzenkreis von *E. carotovora* ist sehr umfangreich. Es sollen hier auszugsweise folgende Pflanzenarten genannt sein:

Bohnen	Blumenkohl
Erbsen	Weißkohl
Möhren	andere Kohlarten
Pastinak	Spargel
Sellerie	Zwiebel
Gurke	
Kürbis	

sowie zahlreiche Zierpflanzen wie:

Cymbidium alvifolium
Hyacinthus orientalis
Gladiolus spec.
Iris cypriana
I. germanica
und weitere *Iris*-Arten
Pelargonium zonale
Zantedeschia aethiopica.

6.1.5. *Bekämpfung*

Die besten Methoden zur Verhinderung dieser Krankheit bestehen in

- regelmäßigem Fruchtwechsel
- schonendste Behandlung bei der Ernte und Einlagerung
- trocknen lassen (bzw. belüften) unmittelbar nach der Ernte

– luftige, kühle Lagerung (opt. 0 °C), wobei eine zu starke Belüftung (wegen der dann eintretenden Masseverluste) und Temperaturen über 10 °C vermieden werden müssen und
– Beseitigung von Schwitznestern und Fäulnisherden.

Eine chemische Bekämpfung der Krankheit kommt bei eingelagerten Speisemöhren nicht in Betracht. Hiergegen sprechen toxikologische Bedenken. Bei Samenträgern ist jedoch ein Einsatz chemischer Präparate möglich. Als Mittel bieten sich die für die Pflanzkartoffelbeizung zugelassenen Präparate an, soweit sie eine Bakterizidkomponente enthalten. Auch eine Tauchbehandlung mit Cu-haltigen Präparaten soll sich befallsmindernd auswirken.

7. Bakteriosen der Gurke

7.1. Krankheit

„Eckige Blattflecken"-Krankheit der Gurke
(angular leaf spot of cucumber;
бактериоз огурцов;
taches angelenses des feuilles du concombre)

7.1.1. Erreger

Pseudomonas syringae van Hall/Pathotyp *P. lachrymans* (Smith et Bryan) Carsner

7.1.2. Krankheitsbild, Krankheitsverlauf, Übertragung und Erkennung des Erregers

Der Befall ruft an den Keimblättern ovale oder langgezogene zunächst schwarzgrüne Flecke hervor, die durch Wassereintritt in die Interzellularen im Bereich der Infektionsstellen bedingt sind. An den Laubblättern bilden sich dagegen charakteristische eckige Blattflecke aus, die von den Blattadern begrenzt werden. Deren Aussehen ist zunächst (5–6 Tage nach der Infektion) ölartigwasserdurchtränkt (Eintritt von Wasser in die normalerweise lufterfüllten Interzellularen!). Später nehmen diese Flecken eine bräunliche bis braune Farbe an. Je nach den Witterungsbedingungen (bei Trockenheit) werden die Befallsstellen weißlich-pergamentartig und können sogar schließlich zerreißen und gänzlich herausfallen (Abb. 52);

Abb. 52. „Eckige Blattflecken"-Krankheit im Bestand

bei feuchtem Wetter werden die Blattflecken in der Regel dunkelbraun. Typisch für die Krankheit ist, daß bei sehr feuchtem Wetter oder nach Taufall auf der Blattunterseite aus den frischen Infektionsstellen weißliche Tropfen einer stark bakterienhaltigen Flüssigkeit austreten können, die dem Krankheitserreger zu seinem Namen verholfen haben. Auf den Früchten entwickeln sich kreisrunde, wasserdurchtränkte Flecke, die später im Zentrum einen weißen Punkt aufweisen können (abgestorbenes Gewebe) (Abb. 53). Von den Infektionsstellen aus vermag der Erreger bis ins Fruchtinnere vorzudringen, wobei das Rindenparenchym eine schmutzig-weiße bis bräunliche Färbung annimmt. Im Samenbereich breitet sich die Infektion rasch in Richtung der Längsachse aus, was zu einer braunen Verfärbung der gesamten Samenregion, vor allem aber der Samenleiste, führt. In vielen Fällen kommt die Infektion aber bereits im Bereich der Fruchtschale zum Stillstand, so daß nur eine gelblich-bräunliche Infektionskalotte in der Schale entsteht, die durch die Anlage eines Wundperiderms vom gesunden Gewebe abgekapselt ist.

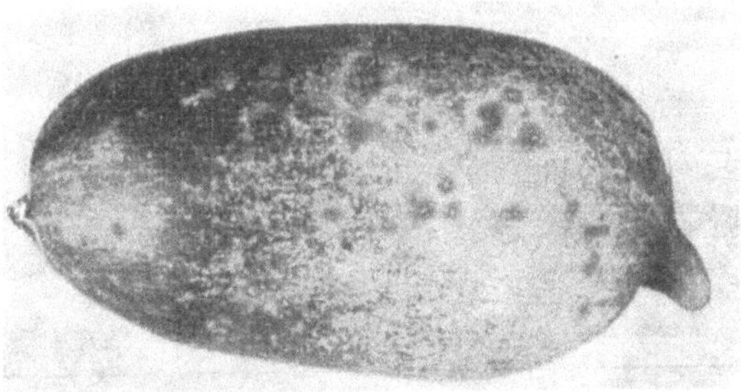

Abb. 53. Befall mit *Pseudomonas syringae*/Pathotyp *P. lachrymans* an der Gurkenfrucht

Der Pathotyp *P. lachrymans* kann nicht frei im Boden überleben, wohl aber innerhalb von Pflanzenrückständen. Die Krankheit wird daher hauptsächlich mit dem Samen übertragen, der Erreger ist aber auch imstande, vom Boden aus in die Pflanze zu gelangen. Als Folge davon werden die Keimblätter äußerlich infiziert (entweder beim Durchtritt durch die Erreger-haltigen äußeren Partien des Samens oder beim Keimen im verseuchten Boden). Die Ausbreitung erfolgt dann von den Keimblättern auf die Laubblätter. Unter günstigen Bedingungen — die Übertragung wird durch Regen, Taufall und Wind sehr gefördert — werden nach und nach immer wieder die jüngsten Blätter der Rankenspitzen und schließlich auch die Früchte befallen (Abb. 54).

In den Früchten kann es auch zur Infektion der Samen kommen, nämlich dann, wenn die Erregerzellen imstande waren, sich durch das Rindenparenchym bis zur Samenregion hin auszubreiten.

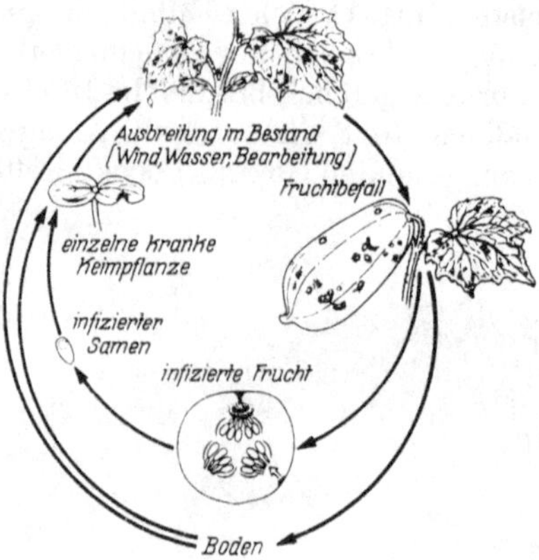

Abb. 54. Infektionszyklus von *Pseudomonas syringae*/Pathotyp *P. lachrymans*

Nach Angaben in der Literatur können in den USA folgende Insekten den Erreger der „Eckigen Blattflecken"-Krankheit übertragen:

Diabrotica (*Acalymma*) *vittata* und
D. undecimpunctata.

Inwieweit Tiere an der Krankheitsübertragung auch unter unseren klimatischen Bedingungen beteiligt sind, ist nicht bekannt.

Der Erreger der „Eckigen Blattflecken"-Krankheit ruft sehr charakteristische Symptome hervor, so daß in der Regel keine spezielle Untersuchung zu seiner Identifizierung vonnöten ist, wenn man die Anwesenheit eines bakteriellen Erregers im befallenen Blattgewebe hat mit Sicherheit nachweisen können.

7.1.3. *Verbreitung und wirtschaftliche Bedeutung*

Die „Eckige Blattflecken"-Krankheit ist weltweit verbreitet. Sie verursacht im Freilandgurkenbau vieler Länder große Schäden. In einzelnen Jahren sind Ertragsverluste von 30—50% festgestellt worden. Besonders gefährlich ist diese Bakteriose für den Samenanbau, da Bestände mit befallenen Früchten von der Samengewinnung ausgeschlossen werden müssen.

An Gewächshausgurken ist die Krankheit in Einzelfällen ebenfalls festgestellt worden.

7.1.4. *Wirtspflanzen*

Neben Gurke (*Cucumis sativus*) seien noch folgende Cucurbitaceen als Wirtspflanzen von *P. syringae*/Pathotyp *P. lachrymans* genannt:

Cucumis melo
C. melo var. *inodorus*
Cucurbita maxima
C. pepo var. *condensa*.

Der Erreger befällt noch zahlreiche weitere Arten dieser Familie, die jedoch in Europa keine wirtschaftliche Bedeutung besitzen und daher hier nicht behandelt werden sollen.

7.1.5. *Bekämpfung*

Die Bekämpfung von *P. syringae*/Pathotyp *P. lachrymans* stützt sich auf 4 Verfahrenskomplexe:

- Pflanzenhygienische Maßnahmen
- Saatgutbeizung
- chemische Bekämpfung im Bestand
- Anbau teilweise resistenter Sorten.

Zu den wichtigsten pflanzenhygienischen Maßnahmen gehören folgende:

- Einhaltung einer zweckentsprechenden Fruchtfolge (3—4 Jahre kein Gurkenanbau auf derselben Fläche)
- Gute Ackervorbereitung und ausreichende Düngung
- Verwendung gesunden Saatgutes
- Bereinigung der Vermehrungs-Bestände von primär kranken Pflanzen (mit Keimblattsymptomen)
- Krankes Pflanzenmaterial (auch Früchte) unterpflügen.

Zur Saatgutbeizung empfiehlt sich die Anwendung von 0,1%iger Quecksilber-Naßbeize (30 Min.).

In den heranwachsenden Beständen muß man zur Sicherung der Erträge eine mehrmalige chemische Behandlung mit Kupferpräparaten unter Zusatz von Haftmittel durchführen.

Neuerdings hat zudem der Anbau resistenter Gurkensorten sehr an Bedeutung und Umfang gewonnen. Mit der amerikanischen Sorte ‚Poinsettia' konnte die Resistenzzüchtung einen wesentlichen Fortschritt erzielen. Über die Entstehung neuer biologischer Rassen des Erregers, die diese Resistenz durchbrechen könnten, ist bisher nichts bekannt. Da die Resistenz der neuen Sorten komplexer Natur ist und nicht nur auf einem oder ganz wenigen Faktoren beruht, ist die Bildung derartiger neuer Rassen zunächst auch kaum zu befürchten.

8. Bakteriosen der Leguminosen

8.1. *Krankheit*

Fettfleckenkrankheit der Bohne
(halo blight of french bean;
угловатая пятнистость листьев фасоли;
maladie de la graisse du haricot)

8.1.1. *Erreger*

Pseudomonas syringae van Hall/Pathotyp *P. phaseolicola* (Burkholder) Dowson

8.1.2. *Krankheitsbild, Krankheitsverlauf, Übertragung und Erkennung des Erregers*

An den Keimblättern zeigen sich bei genauer Untersuchung kleine runde dunkelgrün erscheinende Infektionsstellen. Auf den Primordial- und den folgenden Fiederblättern treten zunächst meist unregelmäßig begrenzte, verschieden große Flecke auf, die anfangs ölartig-wasserdurchtränkt aussehen, dann meist bräunlich oder seidenpapierartig durchsichtig werden. Häufig tritt ein chlorotischer Hof um die Infektionsstelle auf (Abb. 55). Bei starkem Befall vertrocknen große Teile

Abb. 55. Frischer Befall durch *Pseudomonas syringae* / Pathotyp *P. phaseolicola* auf einem Bohnenblatt

der Fiederblätter, was schließlich zum Abfallen der betroffenen Blattpartien führen kann. U. U. können sämtliche Blätter verloren und die Pflanzen vollständig zugrunde gehen (Abb. 56).

Befall an den Stengeln äußert sich in langgestreckten graugrünen, später bräunlich werdenden Flecken.

Auf den Hülsen entstehen zunächst kreisrunde fettig aussehende Flecken, die schließlich zusammenfließen können und den Hülsen dann ein wasser- bzw. öldurchtränktes Aussehen geben; besonders auffällig treten diese

Flecken bei Wachsbohnen hervor. Sehr früher Befall an den Hülsen führt zu Verkrümmungen und anderen Wachstumsanomalien. Auf reifenden Hülsen heben sich die Infektionsstellen oft noch lange durch ihre grüne Farbe ab, auf wachsgelben Früchten bleiben die Krank-

Abb. 56. Fettfleckenkrankheit an älteren Bohnenpflanzen

heitsherde dagegen eher graubraun-hornartig. Von der Hülsenschale aus kann die Infektion auch die Samen erfassen. Es lassen sich in diesem Falle bräunlich gefärbte Löcher mit hornartig aussehenden Rändern beobachten. Bei feuchtem Wetter tritt häufig aus den Befallsstellen eine weißliche bakterienhaltige Flüssigkeit aus, die nach dem Eintrocknen ein silberglänzendes Häutchen bildet.

Die Übertragung der Krankheit erfolgt durch verseuchte Samen. Im Bestand wird die Ausbreitung durch Niederschläge und Wind stark begünstigt, sie beruht auf der Übertragung von Bakterien-haltigem Exsudat. Innerhalb der Pflanze breitet sich der Erreger systematisch aus.

Über tierische Vektoren liegen in der Literatur keine Angaben vor.

Eine Überwinterung im Boden oder in Pflanzenresten findet nicht statt.

Nach sowjetischen und amerikanischen Erfahrungen ist ein direkter serologischer Nachweis des Erregers im befallenen Pflanzengewebe möglich. Auch die indirekte Identifizierung des Erregers durch Anreicherung spezifischer Phagen (Methode von KATZNELSON und SUTTON 1951) kommt als Diagnoseverfahren in Betracht.

Zur Feststellung einer Verseuchung des Saatguts mit *P. syringae*/Pathotyp *P. phaseolicola* hat sich eine routinemäßige Samenuntersuchung bei UV-Licht (Analysenquarzlampe) bewährt.

8.1.3. *Verbreitung und wirtschaftliche Bedeutung*

Der Erreger der Fettfleckenkrankheit ist weltweit verbreitet. Über Schäden im Buschbohnenanbau wird von allen Erdteilen mit Ausnahme von Asien berichtet. Auf dem Territorium der beiden deutschen Staaten tritt die Krankheit seit Ende der 20er Jahre mit großer Regelmäßigkeit auf. Beschrieben wurde sie zuerst in den USA.

Besonders große Schäden treten in feucht-warmen Sommern mit relativ hohen Nachttemperaturen und häufigem Wind auf. Unter diesen Umständen kann die gesamte Bohnenanbaufläche befallen sein, was neben Qualitätsverlusten auch erhebliche Ernteausfälle zur Folge hat.

8.1.4. *Wirtspflanzen*

Neben der Gartenbohne sind mehrere andere Leguminosen als Wirtspflanzen beschrieben worden. Da es sich aber überwiegend um außereuropäische Kulturpflanzen handelt, erübrigt sich hier ihre nähere Behandlung. Erwähnt sei nur, daß auch die Sojabohne zu den Wirten von *P. syringae*/Pathotyp *P. phaseolicola* zählt.

Buschbohnen sind im allgemeinen stärker gefährdet

als Stangenbohnen. Die Sortenunterschiede in der Anfälligkeit sind sehr groß. Wichtig ist vor allem die Gewährleistung einer guten Feldresistenz.

8.1.5. Bekämpfung

Die Bekämpfung der Fettfleckenkrankheit ist auf folgende Weise möglich:

- Mehrjähriger Fruchtwechsel
- Verwendung einwandfreien Saatguts (was am zweckmäßigsten durch Vermehrungsanbau in Trockengebieten erzeugt werden kann)
- Anbau möglichst widerstandsfähiger Sorten (nach neueren Untersuchungen sind dazu die Sorten ‚Potomac‘, ‚Dalgreen‘ (USA), ‚Sanocrop‘, ‚Alcona‘ (Niederlande), ‚Energie‘ (BRD), ‚Remus‘ (Schweiz) zu zählen).
- Saatgutbehandlung entweder durch eine Quecksilber-Tauchbeize oder durch Warmwasserbehandlung (52 °C, 15–30 Min.)
- Mehrmalige Spritzung im Bestand mit Kupferpräparaten.

8.2. Krankheit

Bakterieller Bohnenbrand
(fuscous blight of beans;
бурый бактериоз фасоли;
bactériose du haricot)

8.2.1. Erreger

Xanthomonas campestris (Pammel) Dawson/Pathotyp *X. phaseoli* var. *fuscans* (Burkholder) Starr et Burkholder

8.2.2. Krankheitsbild, Krankheitsverlauf, Übertragung und Erkennung des Erregers

Die ersten Krankheitserscheinungen zeigen sich an den Laubblättern. Es bilden sich kleine durchscheinende oder hellgrüne Flecke, die anfangs etwas erhaben sind, später aber einsinken, trocknen und sich dabei unregelmäßig gelblich, rötlich oder bräunlich färben und häufig von einer blassen, grünen Zone umgeben sind (Abb. 57). Manche Flecke vergrößern sich stark, können zusammen-

Abb. 57. Bakterieller Bohnenbrand

fließen und dabei einen Teil der Fiederblättchen vollständig bedecken. Diese großen Flecken sind charakteristisch und unterscheiden diese Bakteriose von den anderen Bakterienkrankheiten der Bohne.

Bei sehr frühem Befall kommt es zur Verseuchung der Gefäße und zu Verkrümmungen der Blätter.

Auf den Früchten entwickeln sich 6—8 Tage nach der Infektion rund um die Spaltöffnungen kleine runde etwas erhabene Flecke von tiefgrüner Farbe, die später einsinken, sich dunkelbraun verfärben und manchmal einen roten Rand aufweisen; aus dem Zentrum der Flecke tritt eine schleimige Masse aus, die nach Eintrocknung als gelblich-weißliche Inkrustation die Flecken überziehen kann. Manche Flecken erreichen einen Durchmesser von 10 mm.

Von der Fruchtschale aus können auch die Samen infiziert werden. Bei frühem Befall werden sie vollständig zerstört oder bestehen nur noch aus einer zusammengeschrumpften Samenschale; bei späterem Befall treten manchmal auf den weißen Samen gelbliche Flecke auf.

Auf den Stengeln bilden sich entweder ähnliche runde Flecke wie auf den Früchten oder längliche Flecken von rötlicher Farbe, die anders als bei der Anthraknose leicht erhaben sind und oberflächlich Risse aufweisen.

Bei einem (sehr frühen) Befall des Vegetationspunktes zwischen den Kotyledonen oder der späteren Blattknoten, womit eine rötliche Verfärbung und eine Erweichung des Gewebes verbunden ist, kommt es leicht zum Umknicken der oberen Stengelpartien. Bei starker Infektion besteht die Möglichkeit einer systemischen Ausbreitung des Erregers im Gefäßsystem; dies führt meist zu einem Zwergwachstum bzw. zu einem raschen Absterben der betroffenen Pflanze.

Kennzeichnend für diese Bakteriose ist, daß sie in wärmeren Klimazonen oder nur in warmen Sommern ($> 19\,°C$) in nennenswertem Maße auftritt.

Die Krankheit ist samenübertragbar. Durch den verstärkten Samenanbau in wärmeren Ländern besteht die Gefahr einer Einschleppung, wobei es allerdings nur bei höheren Sommertemperaturen zu Befall kommen dürfte. Dasselbe trifft auch für den gewöhnlichen Bohnenbrand, *X. campestris*/Pathotyp *X. phaseoli*, zu.

Tierische Vektoren des Pathotyps *X. phaseoli* var. *fuscans* werden in der Literatur nicht beschrieben. Der Pathotyp *X. phaseoli* dagegen kann durch *Bemisia tabaci* übertragen werden.

Da die Symptome keine sichere Erkennung der Krankheitsursache gestatten (Verwechslungsmöglichkeit mit der Fettfleckenkrankheit!), müssen zur sicheren Diagnose Isolierungen aus krankem Pflanzenmaterial vorgenommen werden. Hierfür eignet sich Hefeextrakt-Pepton- oder Hefeextrakt-Saccharose-$CaCO_3$-Agar besonders gut, weil hier der Erreger leicht einen typischen dunkelrot-braunen Farbstoff bildet und dadurch gut zu erkennen ist.

8.2.3. *Verbreitung und wirtschaftliche Bedeutung*

Das Auftreten von *X. campestris*/Pathotyp *X. phaseoli* var. *fuscans* wurde zum ersten Male in der Schweiz festgestellt (1930). Inzwischen ist die Krankheit aber auch in Nord- und Südamerika, in Jugoslawien und in der UdSSR aufgetreten. In der DDR ist sie bisher noch nicht nachgewiesen worden, kommt aber mit Sicherheit in den unmittelbar westlich angrenzenden Gebieten der BRD vor. Mit einer Ausdehnung des Befallsgebiets in den nächsten Jahren ist zu rechnen. Größere Schäden sind aber nur in besonders warmen Sommern zu erwarten.

8.2.4. *Wirtspflanzen*

X. campestris/Pathotyp *X. phaseoli* var. *fuscans* ist bisher nur auf Gartenbohne festgestellt worden. Unter Versuchsbedingungen erwiesen sich allerdings noch eine Reihe weiterer *Phaseolus*-Arten sowie einige andere nicht einheimische Leguminosen als anfällig.

8.2.5. *Bekämpfung*

Die Bekämpfung dieser Bakterien ist recht schwierig, u. a. deshalb, weil ein latenter Befall möglich ist. Empfohlen wird

- möglichst späte Aussaat
- Verwendung gesunden Saatguts (hierzu eignet sich überlagertes (2—3 Jahre altes) Saatgut, da es im allgemeinen weniger lebende Erregerzellen enthält als frisch geerntetes)

- geerntetes Saatgut soll getrocknet oder mit CS_2 behandelt werden; auch eine trockene Erhitzung auf 60 °C (24 Stunden) oder 80 °C (30 Min.) kann erfolgreich sein.
- als Saatgutbeizmittel kommen Hg-Präparate oder bakterizide Farbstoffe (Brillantgrün bzw. Gentianaviolett) in Betracht.

Da es bisher noch kaum Bohnensorten mit anhaltender Resistenz gibt, ist eine Forcierung der Resistenzzüchtung dringend notwendig. Ansätze hierfür dürften ausreichend vorhanden sein.

8.3. *Krankheit*

Bakterieller Stengelbrand der Erbse
(bacterial blight of peas;
бактериоз гороха;
bactériose du pois)

8.3.1. *Erreger*

Pseudomonas syringae van Hall/Pathotyp *P. pisi* Sackett

8.3.2. *Krankheitsbild, Krankheitsverlauf, Übertragung und Erkennung des Erregers*

Befallene Erbsenpflanzen lassen auf den Stengeln längliche Flecke von wasserdurchtränktem, olivgrünem bis -braunem Aussehen erkennen; diese nehmen vornehmlich von den Blattachseln ihren Ausgang und erfassen zuweilen den gesamten Stengel oder greifen auf die Blattstiele und die Fiederblättchen über. Auf den Blättchen zeigen sich dann gelbliche bis bräunliche Verfärbungen. Die Blütenstände bleiben in manchen Fällen grün, in anderen werden auch sie befallen. Auf den Hülsen äußert sich der Befall zunächst ähnlich wie bei der Fettfleckenkrankheit der Bohne: es entstehen wasserdurchtränkte, ölartig aussehende runde Flecke, die später zusammenfließen und braun und schließlich papierartig-trocken werden.

Von den Hülsen aus kann der Befall (über den Funiculus) auch auf die Samen übergreifen. Die ältesten Pflanzenteile sind meist stärker in Mitleidenschaft gezogen als die jüngeren. Die Wurzeln weisen nur selten irgendwelche Krankheitserscheinungen auf. Bei feuchtem Wetter wird an den Befallsstellen ähnlich wie bei vielen anderen Bakteriosen Bakterienschleim abgesondert. Die Infektion kann über die Stomata oder über Wunden vonstatten gehen.

Als Infektionsquelle dient befallenes Saatgut. Es ist festgestellt worden, daß aus natürlich verseuchtem Samen aufwachsende Jungpflanzen nach Frosteinwirkung besonders stark unter dieser Bakteriose leiden. Insgesamt betrachtet haben die Umweltverhältnisse einen entscheidenden Einfluß auf die Manifestation der Krankheit im Bestand.

Über tierische Vektoren dieses Pathotyps von *P. syringae* ist bisher nichts bekannt.

Da an Erbsen neben *P. syringae*/Pathotyp *P. pisi* praktisch keine bakteriell bedingten Krankheiten auftreten, ist die Symptomanalyse und der gleichzeitige mikroskopische Nachweis eines Bakterienbefalls ausreichend für eine eindeutige Erfassung der Krankheitsursache.

8.3.3. *Verbreitung und wirtschaftliche Bedeutung*

P. syringae/Pathotyp *P. pisi* kommt in Europa und Übersee vor. Auch in der DDR und der BRD verursacht sie in manchen Jahren Schäden im Erbsenanbau.

In den USA sind Ernteausfälle bis 30% beobachtet worden. Dies zeigt, daß man dieser Bakteriose große Aufmerksamkeit schenken muß.

8.3.4. *Wirtspflanzen*

Der Erreger des Bakteriellen Stengelbrandes ruft Krankheitserscheinungen außer an Erbsen u. a. an folgenden Leguminosen hervor:

Pisum arvense
Lathyrus oderatus
L. latifolius und
Vicia atropurpurea.

Innerhalb des Erbsensortiments gibt es erhebliche Anfälligkeitsunterschiede, vollkommen resistente Sorten sind jedoch bisher nicht bekannt.

8.3.5. Bekämpfung

Die Bekämpfung muß sich im wesentlichen auf pflanzenhygienische Maßnahmen stützen. Hierbei sind zu nennen:

— Vernichtung kranker Pflanzenteile
— Verwendung einwandfrei gesunden Saatguts
— Samentauchbeize in einem Gemisch von Hg-Präparaten und bakteriziden Farbstoffen (Gentianaviolett)
— Anbau möglichst widerstandsfähiger Sorten

9. Bakteriosen der Tomate

9.1. Krankheit

Bakterielle Tomatenwelke
(bacterial canker of tomatoes;
бактериальный рак томата;
bactériose vasculaire de la tomate)

9.1.1. Erreger

Corynebacterium michiganense (E. F. Smith) Jensen

9.1.2. Krankheitsbild, Krankheitsverlauf, Übertragung und Erkennung des Erregers

Erstes deutliches Anzeichen einer Erkrankung ist das plötzliche Welken einzelner Fiederblättchen, sie schrumpfen, vertrocknen und verfärben sich braun. Dieser Prozeß schreitet voran. Oft welken zunächst nur die Blätter auf einer Seite der Pflanze oder einzelne Triebe, bis schließlich die ganze Pflanze erfaßt ist und in sich zusammenfällt (s. Abb. 14). Blattstiele und Sproß lassen im vorangeschrittenen Krankheitsstadium braune Längsstreifen erkennen.

Querschnitte durch Blattstiel und Sproß zeigen Zerstörungen und Braunfärbungen der Gefäßbündel und des daran angrenzenden Gewebes. Drückt man erkrankte Triebe zusammen, quillt gelbbrauner Bakterienschleim aus den verbräunten Zonen. Bakterienexsudat kann auch aktiv austreten, wenn durch Risse Verbindungen zu den zerstörten und mit Bakterien angereicherten Gewebepartien bestehen. Fruchtfleisch und Samen werden gleichermaßen befallen, der Erreger dringt über den Fruchtstiel ein.

Auf der Fruchtoberfläche können anfangs weißliche, später braune, von einem hellen Hof umgebene Flecke entstehen, die flächig zusammenlaufen. Dieses Krankheitsbild wurde jedoch nicht immer beobachtet.

Der Erreger, ein stäbchenförmiges, unbegeißeltes Bakterium, dringt durch Wunden ein. Er ist durch Samen übertragbar, entweder äußerlich anhaftend oder zwischen Samenschale und Endosperm lokalisiert. Der Krankheitsverlauf entspricht dem einer typischen Tracheobakteriose. Sehr eindrucksvoll haben dies Pine und Mitarbeiter unter Beweis gestellt (s. Abb. 20). Sie wiesen nach, daß der Erreger ausschließlich im Xylem transportiert wird. Dies erfolgt in relativ kurzen Zeiträumen. Begünstigend wirken hohe Temperaturen bei ca. 28 °C. Der Erreger kann im Boden in Pflanzenresten überdauern. *Corynebacterium michiganense* ist samenübertragbar oder wird beim Ausgeizen der Seitentriebe weiterverbreitet.

Eine eindeutige Diagnose ist auf Grund der charakteristischen Symptome oder mit serologischen und biochemischen Methoden möglich.

9.1.3. Verbreitung und wirtschaftliche Bedeutung

Die Krankheit ist weltweit verbreitet, Zentren des Tomatenanbaus sind besonders gefährdet. Dies trifft auch für den industriemäßigen Tomatenanbau unter Glas zu. Die bisherige geringe Verbreitung der Tomatenwelke in der DDR verlangt strenge Prophylaxe.

Nach sowjetischen Erfahrungen schwanken Befall und Verluste erheblich. Je nach Umweltbedingungen, Häufigkeit der Tomatenkultur auf gleicher Fläche, Infektionsdruck und Virulenz der vorherrschenden Erregerpopulation variieren die Befallszahlen. Häufig werden Werte zwischen 10 und 30% genannt, jedoch sind auch höhere Befallswerte und Totalausfälle nicht selten. Feinerdereiche Böden weisen geringeren Befall auf als sandige Böden. Nach Untersuchungen aus dem Gebiet Woronesh, UdSSR, liegt der Schadenskoeffizient auf Schwarzerdeböden zwischen 17 und 21%, auf sandigem Boden bei 25%.

9.1.4. Wirtspflanzen

Die relativ enge Spezialisierung von *Corynebacterium michiganense* beschränkt sich auf Nachtschattengewächse. Als Wirte sind neben der Tomate u. a. beschrieben: *Cyphomandra betacea, Lycopersicum pimpinellifolium, Nicotiana glutinosa* sowie verschiedene *Solanum* spp.

Künstliche Infektionen gelangen auch an Kartoffelknollen.

9.1.5. Bekämpfung

Die Bekämpfung ist auf prophylaktische Maßnahmen zu konzentrieren. Dies betrifft die Verwendung gesunden Saatguts. Warmwasserbeize bei 50—54 °C und einer Behandlungszeit von 25—60 min war erfolgreich. Die Ansichten über dies Verfahren sind jedoch geteilt, da leicht Keimschäden auftreten können. Weniger sekundäre Folgen haben die Beizung mit Quecksilberpräparaten oder Trockenbeizung mit TMTD (nicht Captan), obgleich damit nur äußerlich anhaftende Bakterien erreicht werden.

Das Ausgären der zur Saatgutgewinnung vorgesehenen Früchte soll zur Verringerung des Saatgutbefalls führen. Vorteilhaft sind Antibiotikabehandlungen, sie haben jedoch noch keine praktische Bedeutung erlangt.

Zu prophylaktischen Maßnahmen zählen ferner die Erddämpfung bzw. Formalinbehandlung des Bodens sowie die Desinfektion verwendeter Arbeitsmittel. Das Ausgeizen mit der Hand hat Vorrang vor dem Ausgeizen mit dem Messer.

Einen gewissen Schutz vor Wurzelinfektion bietet das Tauchen der Jungpflanzen in eine Quecksilber-Naßbeize.

10. Bakteriosen des Tabaks

10.1. Krankheit

Wildfeuer des Tabaks

(wildfire, angular leaf spot, blackfire, Wisconsin leaf-spot;
бактериальная рябуха табака;
feu sauvage)

10.1.1. Erreger

Pseudomonas syringae van Hall/Pathotyp *P. tabaci* (Wolf et Foster) Stevens;

10.1.2. Krankheitsbild, Krankheitsverlauf, Übertragung und Erkennung des Erregers

Im Freiland treten auf den Blättern zunächst kleine rundliche, chlorotische Stellen von 0,5—1,0 cm mit braunen Flecken im Zentrum auf. Die Flecke vergrößern sich schnell, werden stark konzentrisch, hell- bis dunkelbraun, mit hellerem Zentrum und erreichen Ausmaße von 2—3 cm. Diese Flecken haben einen breiten durchscheinenden Rand, den ein chlorotischer Hof umgibt. Dieser chlorotische Hof ist durch das vom Erreger ausgeschiedene Wildfeuertoxin bedingt. Die Flecke fließen häufig zusammen und bilden große, unregelmäßige eingetrocknete Stellen. Bei Niederschlägen können die abgestorbenen Stellen ausfallen. Es kann das gesamte Blattgewebe zwischen den Adern absterben. Schrumpfungen oder Wellungen sowie Verdrehungen ganzer Blätter treten infolge ungleichmäßigen Befalls auf. Auf den Blattstielen zeigen sich weiße oder hellbraune, eingesunkene Flecke mit unscharfem Hof. Auf Blüten und Samenkapseln entstehen kleine bräunliche Flecke.

An jungen Keimpflanzen im Saatgut können die befallenen Blättchen ganz verfaulen oder welken, sich gelb oder braun verfärben und abfallen. Auch kann es zu Wachstumsverzögerungen oder Wachstumsstillstand der ganzen Pflanze kommen, die schließlich abstirbt.

Die Triebknospe stark erkrankter Jungpflanzen besteht aus schmalen, lanzettlichen Blättchen, die meist steil aufwärts gerichtet sind, eine zitronengelbe Färbung und einen aufwärtsgebogenen Rand haben. Der Erreger gelangt mit kontaminierten Samen in die Anzuchtbeete, kann hier aber auch an Geräten sowie auf Ernterückständen überdauern. Im Freiland bilden infizierte Pflanzen und befallene Ernterückstände die primäre Infektionsquelle. Auch in infizierten Pflanzen, die selbst keine typischen Wirte sind, kann der Pathotyp *P. tabaci* überdauern. Im Boden ist eine Überwinterung nur an noch nicht zersetzten Pflanzenrückständen möglich.

Der Erreger dringt durch die Stomata in die Interzellularen der Blätter ein. Dazu muß ein Wasserfilm auf der Blattoberfläche mit dem Wasser in den Interzellularen in Verbindung stehen. Eine hohe Wassersättigung des Gewebes leistet deshalb der Infektion Vorschub. Auch durch Beschädigungen kann der Erreger in die Pflanze eindringen. Vor allem regnerisches, stürmisches Wetter begünstigt das Ausbreiten der Krankheit, wobei sie schnell in Windrichtung fortschreitet.

Die optimale Temperatur für eine Infektion liegt bei 28–31 °C, die minimale unter 15 °C und die maximale bei 37 °C.

10.1.3. Verbreitung und wirtschaftliche Bedeutung

Die Bakteriose tritt in allen tabakanbauenden Ländern, mit Ausnahme von Kanada und Australien, bei genügend feuchtem Wetter auf. Befallene Tabakblätter sind von minderer Qualität. Durch die Bakteriose können bis zu 50% Mindererträge verursacht werden.

10.1.4. Wirtspflanzen

Zum natürlichen Wirtspflanzenkreis gehören neben dem Tabak mindestens 11 weitere *Nicotiana*-Arten, darunter *N. rusticay*, sowie Paprika, Tomate, Kartoffel, *Datura stramonium*, *Physalis grandiflora*, *Solanum melongena* und *S. nigrum*.

Der Erreger wurde auch aus verschiedenen natürlich infizierten Unkräutern (*Ambrosia bidentata*, *Chenopodium album*, *Physalis virginiana*) sowie aus Soja, Luzerne und Bohne isoliert.

10.1.5. Bekämpfung

Desinfektion aller Geräte, Anlagen und der Saatbeetherde. Saatgutbeizung. Beseitigung aller Pflanzenrückstände durch Einhaltung einer hohen Ackerkultur. Resistenzzüchtung scheint aussichtsreich.

11. Bakteriosen der Obstgehölze

11.1. Krankheit

Wurzelkropf der Obstgehölze
(crown gall disease of fruit trees;
корневой рак плодовых деревьев;
cancer végétale)

11.1.1. Erreger

Agrobacterium tumefaciens (Smith et Townsend) Conn

11.1.2. Krankheitsbild, Krankheitsverlauf, Übertragung und Erkennung des Erregers

Das typische Schadbild — Wucherungen, die als Wurzelkröpfe, Tumoren, Gallen bezeichnet werden — gibt der Krankheit den Namen. Bevorzugt sind diese Bildungen am Wurzelhals befallener Obstgehölze lokalisiert ("crown galls"); sie können jedoch auch an anderen Wurzelteilen und seltener am Stamm (Weinrebe) vorkommen.

Der typische Wundparasit gelangt über Verletzungen in das Pflanzeninnere, führt dabei nicht zur Zerstörung der Wirtszelle, sondern stimuliert das Gewebe zu ungeregelter Teilung. Die anfangs weichen Wucherungen nehmen rasch an Größe zu und verholzen, wobei eine zerklüftete Oberfläche der Tumoren entsteht. Diese Wucherungen können auch verrotten und sich im folgenden Jahre an der gleichen Stelle erneut bilden (s. Abb. 13). Zuweilen verrottet nur ein Teil der Tumoren, während der andere weiterwächst. An 3—4jährigen Apfelbäumchen können die Tumoren bereits Faustgröße erreichen. Es wurden Geschwülste von 4,5 kg und mehr beschrieben.

Zuweilen entwickeln sich aus nicht zu tief lokalisierten Tumoren neue, schwächliche Triebe.

Der Erreger kann von der Wunde aus in die Tracheen bzw. Tracheiden einwandern und sich somit über größere Entfernungen ausbreiten.

Die histologischen und biochemischen Aspekte der Tumorenbildung gelten als gut untersucht (s. S. 79).

Das Wundpathogen kann für lange Zeit im Boden überdauern. Verletzungen, die als Eintrittspforten dienen, können unterschiedliche Ursachen haben (Insekten, „Putzen“ der Wurzeln, Pfropfung).

Zur Sicherung der Diagnose können Möhrenscheiben beimpft werden, die nach Infektion mit *A. tumefaciens* Gallen entwickeln. Zur Differentialdiagnose gegenüber *A. rhizogenes* siehe dort.

11.1.3. Verbreitung und wirtschaftliche Bedeutung

Die Bakteriose ist weltweit verbreitet.

Über die wirtschaftliche Bedeutung des Wurzelkropfes an Obstgehölzen gibt es keine einheitliche Auffassung. Während manche Autoren der Krankheit auch in Kernobstertragsbeständen ökonomische Bedeutung beimessen, lassen andere den Wurzelkropf lediglich als eine weniger bedeutende Krankheit in Baumschulbeständen gelten.

Unter unseren Anbaubedingungen beurteilen weite Kreise der Obstbaupraktiker die Krankheit als weniger wichtig. Außer Zweifel stehen jedoch die beträchtlichen Schäden, die *A. tumefaciens* an der Weinrebe verursachen kann.

11.1.4. Wirtspflanzen

Besonders anfällig unter den Obstgehölzen sind Birne und Apfel. *A. tumefaciens* gilt als Erreger mit dem umfangreichsten Wirtskreis (siehe auch „Bakteriosen der *Beta*-Rüben“).

11.1.5. Bekämpfung

Gegenmaßnahmen sind ausschließlich prophylaktischer Natur. Böden, die erstmalig baumschulisch genutzt werden sollen, können durch Aufpflanzen „geputzter“ Birnensämlinge getestet werden. Im Falle der Verseuchung des Bodens mit dem Erreger bilden die Sämlinge bereits bis zum Herbst des Pflanzjahres die typischen Gallen aus. Der Erregernachweis im Boden läßt sich auch mittels Möhrenscheiben führen, die mit Tumorenbildung reagieren. Verletzungen der Wurzeln bzw. des Wurzelhalses sind weitgehend zu vermeiden. Schnittwerkzeuge („Putzen“) sollten desinfiziert und die Schnittwunden mit DNOC behandelt werden. Das Eintauchen der zurückgeschnittenen Wurzeln bis zum Wurzelhals in einen Lehmbrei, dem ein Hg-haltiges Beizmittel zugesetzt ist, hat sich bewährt.

Pfropfmaterial kann zur Infektionsverhütung in Formalin- oder Kupfersulfat-Lösungen getaucht werden. Bodenbehandlungen mit Schwefel (50—100 g/ml) sollen unter bestimmten Bedingungen durch Absenken des pH-Wertes die Zahl der Erreger im Boden reduzieren.

11.2. Krankheit

Haarwurzelkrankheit der Obstgehölze
(hairy root disease; Wooly knot;
косматый корень плодовых деревьев;
racines chevelues)

11.2.1. Erreger

Agrobacterium rhizogenes (Riker et al.) Conn

11.2.2. Krankheitsbild, Krankheitsverlauf, Übertragung und Erkennung des Erregers

Neben dem eigentlichen Schadbild des Wurzelkropfes (s. *Agrobacterium tumefaciens*) wurden in amerikanischen Baumschulen an Apfelbäumen häufig Mißbildungen beobachtet, die sich in der Ausbildung zahlreicher, dünner Haarwurzeln an bestimmten Stellen des Stammes, der Wurzel oder an verholzten Tumoren äußerten. Lange Zeit wurde das Krankheitsbild *A. tumefaciens* zugeschrieben. *Agrobacterium rhizogenes* ist ein der Art *A. tumefaciens* nahestehender Wundparasit. Erst etwa 3 Monate nach der Infektion sind die Symptome der Haarwurzelkrankheit von denen des Wurzelkropfes zu unterscheiden. Deutliche Symptome werden ausgebildet, wenn die Infektion vor dem 1. Juli erfolgt. Anfangs sind die Haarwurzeln fleischig, später gehen sie in den „fibrösen Typ“ über (Abb. 58). Am häufigsten tritt die Krankheit an 1- bis 3jährigen Apfelveredlungen auf. Nach Inokulation mit *A. rhizogenes* blieben Apfelbäumchen deutlich im Wachstum zurück, während *A. tumefaciens* keinen Einfluß auf die Wüchsigkeit der infizierten Bäumchen hatte.

Der Erreger soll sich im Exsudat der Wunden entwickeln und in den Interzellularen ansiedeln. In benachbartem Gewebe wird dann Hyperplasie induziert.

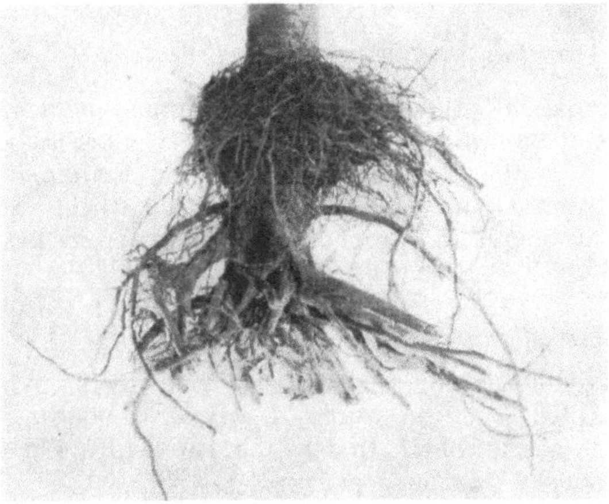

Abb. 58. Haarwurzelkrankheit an Schattenmorelle

Die Bakterien finden sich hauptsächlich in den äußeren Teilen der Mißbildungen und im Boden in der Umgebung der Haarwurzeln bzw. Wucherungen.

Bei einer kombinierten Infektion mit *A. tumefaciens* traten sowohl Mischsymptome als auch die für die einzelnen Erreger charakteristischen Schadbilder auf.

Der Wundparasit kann im Boden mehr als ein Jahr überdauern. Alle Arten von Verletzungen der aufgepflanzten Bäume (mechanische Wurzelverletzungen; Wunden, verursacht durch Insekten und Nematoden) können als Eintrittspforten dienen. Der Erreger wird auch auf oberirdische Teile durch kontaminierte Werkzeuge beim Schnitt und beim Veredeln übertragen.

Bei Verdacht auf das Vorliegen von *A. rhizogenes* sollten Möhrenscheiben mittels Gewebebrei kranker Pflanzen inokuliert werden. Im positiven Falle bilden sich Wurzeln in der Kambialregion der Möhrenscheiben. Liegt eine Infektion mit *A. tumefaciens* vor, kommt es bei gleichem Vorgehen lediglich zur Ausbildung undifferenzierter Gallen.

11.2.3. Verbreitung und wirtschaftliche Bedeutung

Die Krankheit tritt verbreitet in Apfelbaumschulen und Plantagen in den USA auf. Weitere, sichere Nachweise beziehen sich auf Japan, VR Bulgarien und Frankreich. Der Bakteriose wird eine größere wirtschaftliche Bedeutung als dem Wurzelkropf der Obstgehölze zugeschrieben.

11.2.4. Wirtspflanzen

Hauptsächlicher und wirtschaftlich bedeutender Wirt ist der Apfel. Daneben wurde *A. rhizogenes* von zahlreichen Rosaceen isoliert. In der Literatur werden Wirtspflanzen aus 22 Gattungen genannt.

11.2.5. Bekämpfung

Zur Infektionsverhütung wurden u. a. bei der Veredlung die Pfropfpartien oberflächlich mit Quecksilber(II)chloridlösung sterilisiert und die Pfropfstellen anschließend mit aseptischem Verband verschlossen.

Obwohl es Unterschiede in der Anfälligkeit von Apfelsorten gegen *A. rhizogenes* gibt, spielen tolerante Formen bisher keine Rolle bei der praktischen Bekämpfung.

11.3. Krankheit

Feuerbrand des Kernobstes
(fire blight;
бактериальный ожог плодовых;
le feu bactérien)

11.3.1. Erreger

Erwinia amylovora (Burrill) Winslow et al.

11.3.2. Krankheitsbild, Krankheitsverlauf, Übertragung und Erkennung des Erregers

Die typischen Symptome an Birne und Apfel — wie verbrannt wirkende Blätter, Blütenbüschel, Früchte, Triebe und Äste — haben der Krankheit den Namen gegeben. Als erste treten im Frühjahr Blütensymptome (bei Infektion über den Fruchtknoten) auf. Die Blüten verfärben sich braun, später schwarz. Der Erreger dringt über den Fruchtknoten in Zweig, Ast und Stamm ein. Unreife erkrankte Früchte werden schwarz und mumifizieren. Neben der Blüteninfektion gibt es die Möglichkeit der Infektion junger, unverholzter Triebe. Bei hoher Luftfeuchte kommt es häufig zur Exsudatbildung: aus

Abb. 59. Typisches Erscheinungsbild einer Triebinfektion durch *Erwinia amylovora* an Apfel

sukkulenten Trieben treten kleine milchigweiße bakterienhaltige Schleimtröpfchen aus, die sich später bräunlich-schwarz färben (Abb. 59). Bei Befall des Stammes färbt sich das Holz unter der Rinde rotbraun. Bei trockener Witterung schrumpft die Rinde und es entstehen, scharf abgegrenzt zwischen gesundem Gewebe, die sogenannten Brandstellen.

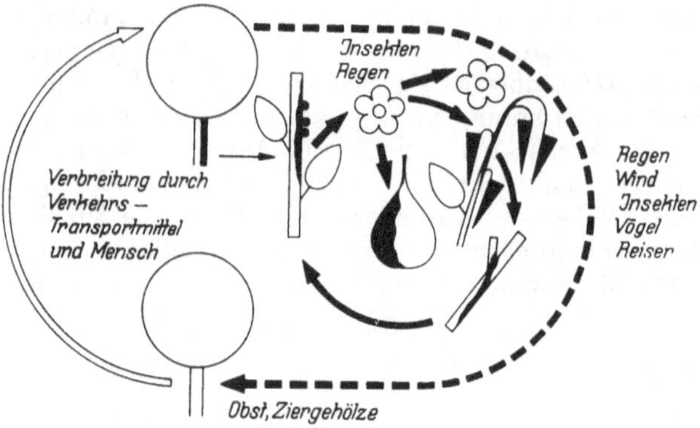

Abb. 60. Infektionszyklus von *Erwinia amylovora*

Ähnliche Symptome wie bei Birne und Apfel treten an *Crataegus* spec. auf. Auch hier gelten die hakenförmig gekrümmten erkrankten Triebspitzen als charakteristische Symptome.

Die Übertragung (Abb. 60) erfolgt durch Insekten, evtl. Vögel, durch Regen, Wind sowie mit Schnittwerkzeugen und durch Verwendung latent infizierter Unterlagen bzw. Edelreiser. Eine besondere Rolle spielen die Honigbiene und andere pollenübertragende Insekten. Eine Überwinterung des Erregers in der Honigbiene bzw. im Bienenstock ist jedoch nicht möglich. Neben der Biene werden zahlreiche weitere Insektenarten (Aphiden, Coleopteren, Dipteren, Zikaden u. a.) als Vektoren genannt.

Durch Regen und Wind können Bakterienzellen aus

den Exsudattröpfchen und den "aerial strands" auch über weite Strecken verfrachtet werden und unter entsprechend günstigen Witterungsbedingungen (hohe Luftfeuchte) und bei vorhandenen Verletzungen von Blättern und Zweigen zu Infektionen führen. Damit läßt sich die starke Zunahme von Infektionen besonders nach Hagelstürmen erklären.

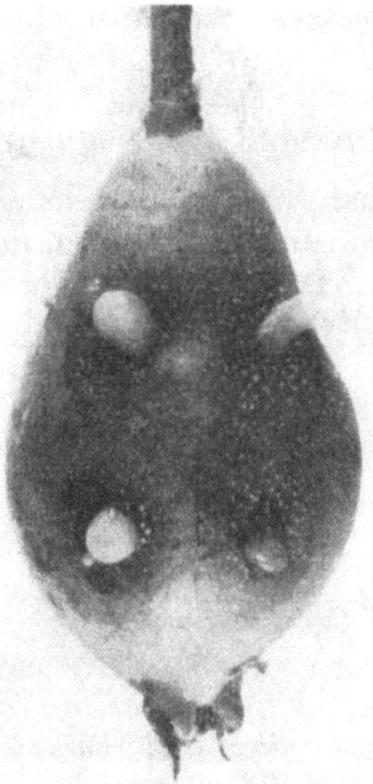

Abb. 61. Charakteristische Symptome einer Feuerbrandinfektion an einer Birnenfrucht

Die als charakteristisch beschriebenen Symptome haben diagnostischen Wert. Eine Verwechslung des Krankheitsbildes mit dem durch *Pseudomonas syringae* verursachten ist nicht ausgeschlossen. Die sichere Diagnose erfordert den Pathogenitätstest bzw. die Kultivierung und serologische Prüfung des Erregers. Der „Birnentest" beruht auf der spezifischen Reaktion unreifer Birnenfrüchte auf eine Infektion mit *E. amylovora*. Werden unreife Birnenfrüchte mittels Impfnadel mit Suspension aus verdächtigen Gewebepartien inokuliert, erscheinen im positiven Falle nach 1—3 Tagen Inkubation in feuchter Kammer die charakteristischen milchig-weißen Exsudattröpfchen auf den Früchten (Abb. 61). Stehen keine entsprechenden Birnenfrüchte zur Verfügung, versucht man den Erreger auf Selektivnährböden zu kultivieren. Typisch erscheinende Kolonien werden serologisch im Agglutinationstest geprüft.

11.3.3. Verbreitung und wirtschaftliche Bedeutung

Die Krankheit ist offenbar seit langem in den östlichen Staaten der USA endemisch. In einigen Fällen führte die Bakteriose zum völligen Zusammenbruch der Birnenproduktion. Das erste Auftreten auf dem europäischen Kontinent wurde 1957 aus England gemeldet. Seither breitet sich die Krankheit auch in Europa weiter aus. Der Feuerbrand gilt als eine der gefährlichsten bakteriellen Pflanzenkrankheiten.

11.3.4. Wirtspflanzen

Neben Apfel, Birne und *Cydonia* finden sich in folgenden Gattungen Wirtspflanzen von ökonomischer Bedeutung: *Amelanchier*, *Chaenomeles*, *Cotoneaster*, *Crataegus*, *Eriobotrya*, *Mespilus*, *Pyracantha* und *Sorbus*. Unter europäischen Verhältnissen sind *Crataegus*-Arten (Weißdorn) die wichtigsten Infektionsreservoire. Insgesamt werden mehr als 90 Pflanzenarten als Wirte genannt.

Eine an Himbeeren in den USA auftretende Form wurde als *E. amylovora* f. sp. *rubi* beschrieben.

11.3.5. Bekämpfung

Zur Verhinderung einer Feuerbrandinfektion spielen Kulturmaßnahmen, wie ausgewogene Düngung, guter Bodenzustand usw., offenbar nur eine untergeordnete Rolle. Dagegen sind eradikative Maßnahmen zur Beseitigung von Infektionsquellen (besonders bei Erstauftreten) von großer Bedeutung. Da *Crataegus*-Arten unter europäischen Verhältnissen die hauptsächlichen Reservoire darstellen, hat sich nach dänischen Erfahrungen die konsequente Rodung von *Crataegus* in der Nähe von Baumschulen und Obstplantagen bewährt. Zur Entfernung von Infektionsherden an Apfelbäumen wird empfohlen, befallene Triebe und Äste bis in das gesunde Holz zurückzuschneiden und mit desinfizierenden Wundverschlußmitteln zu behandeln. Die Schnittwerkzeuge sollten mit Na-Hypochloritlösungen o. ä. desinfiziert werden.

Zur chemischen Bekämpfung wurden neben Kupfermitteln und Streptomyzin auch organische Fungizide geprüft, die jedoch unter praktischen Verhältnissen keine Bedeutung erlangten. Seit geraumer Zeit werden Kupfermittel in verschiedenen Formulierungen appliziert. Besonders günstige Erfahrungen liegen mit Bordeaux-Brühe vor. Nachteile aller derartigen Maßnahmen bestehen in der phytotoxischen Wirkung von Kupfermitteln und in der großen Anzahl notwendiger Behandlungen (vor und während der Blüte).

Als wirksamste Bekämpfungsmaßnahme wurden in den USA Streptomyzin-Spritzungen herausgestellt, obwohl auch bei Anwendung dieses Antibiotikums mehrere Behandlungen zum Schutz der Obstgehölze notwendig sind. Neuerdings ist durch das Auftreten streptomyzinresistenter *Erwinia amylovora*-Stämme in Kalifornien der Erfolg einer Streptomyzinanwendung fragwürdig geworden, so daß u. U. Kupfermittel wieder eine größere Bedeutung erlangen können.

Die Bekämpfung des Feuerbrandes mit chemischen Mitteln bleibt nach wie vor problematisch. Damit wird erklärlich, daß schon frühzeitig große Hoffnungen in die Selektion resistenter oder toleranter Birnen- und Apfelsorten gelegt wurden. Die zweifellos vorhandenen Sortenunterschiede in der Anfälligkeit bieten Ansatzpunkte für eine aussichtsreiche Resistenzzüchtung. Dieser — auf die Dauer erfolgversprechendste, aber auch langwierige Weg — wird von mehreren Befallsländern beschritten.

In der DDR ist *Erwinia amylovora* Quarantäneobjekt. Maßnahmen zur Verhinderung der Einschleppung und zur Beseitigung von Befallsherden regelt die 25. Durchführungsbestimmung des Gesetzes zum Schutze der Kultur- und Nutzpflanzen.

11.4. Krankheit

Bakterienbrand des Steinobstes
(bacterial blossom blight and canker;
бактериальный рак косточковых плодовых;
chancre bactérien du cerisier)

11.4.1. Erreger

Pseudomonas syringae van Hall
(syn. *P. mors-prunorum* Wormald)

11.4.2. Krankheitsbild, Krankheitsverlauf, Übertragung und Erkennung des Erregers

Die Krankheit tritt an Süß- und Sauerkirsche, Aprikose, Pfirsich und anderen *Prunus*-Arten auf. Die jahreszeitlich frühesten Symptome zeigen sich an den Blüten, die zum großen Teil nicht zur Entfaltung kommen und absterben. Wenn Früchte ausgebildet werden, finden sich an den jungen Früchten und an den Fruchtstielen braune, eingesunkene Nekrosen (Abb. 62). Gleichfalls braune, nekrotische Flecke zeigen sich auf den jungen Trieben. Zahlreiche Triebe sterben ab, andere verkrüppeln und sind infolge fehlenden Internodienwachstums gestaucht (Abb. 63). An den Laubblättern entstehen die als „Schrotschuß-Effekt" beschriebenen Symptome, wobei kleine, runde, nekrotische, scharf gegen das gesunde Gewebe begrenzte Blattbereiche herausfallen. Zum Schadbild gehören weiterhin mehr oder weniger stark ausgedehnte Rindennekrosen sowie Gummifluß (Abb. 64). Die Nekrosen können auch stärkere Triebe umgürten, so daß es zum

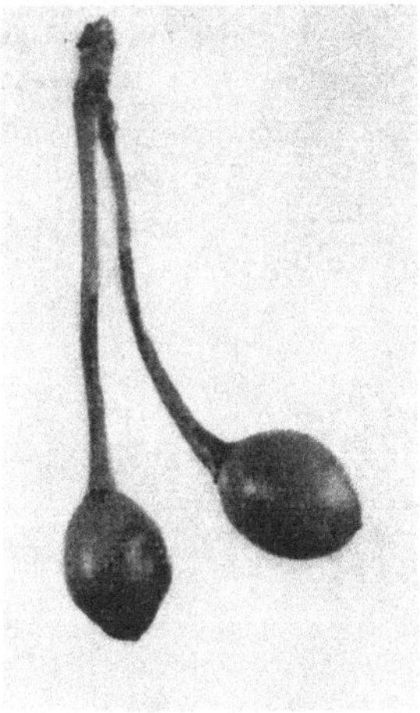

Abb. 62. Bakterienbrand des Steinobstes: Fruchtstiel- und Fruchtnekrosen

Abb. 63. Bakterienbrand des Steinobstes: Charakteristische Schwärzung und Stauchung des Triebes und typische Blattnekrosen

raschen Absterben großer Teile der Krone bzw. des gesamten Baumes kommen kann. Besonders gefährdet sind jüngere Bäume.

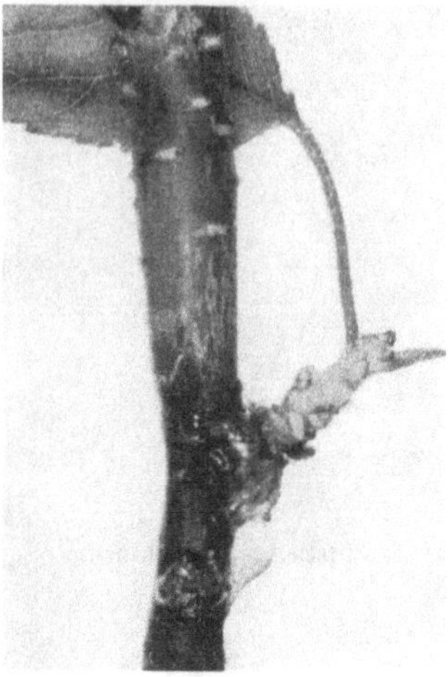

Abb. 64. Bakterienbrand des Steinobstes: Rindennekrose an älterem Trieb mit Gummifluß

Bakterien der Art *Pseudomonas syringae* finden sich häufig auf den Blättern und Knospenschuppen gesund aussehender Bäume. Erst unter bestimmten, noch nicht näher definierten Bedingungen kommt es offenbar zu einer Massenvermehrung des Erregers und damit zum Ausbruch der Krankheit. Insgesamt ist der Krankheitsverlauf stark witterungsabhängig. Unter feucht-warmen Bedingungen breitet sich die Bakteriose rasch aus, während in trockenen Perioden das Krankheitsgeschehen zum Stillstand kommen kann.

11.4.3. Verbreitung und wirtschaftliche Bedeutung

Der Erreger ist weltweit verbreitet.

In bestimmten Jahren können die Erträge ausgedehnter Anbaugebiete durch Befall mit *P. syringae* vernichtet werden.

11.4.4. Wirtspflanzen

P. syringae gehört zu den Bakterien mit dem größten Wirtspflanzenkreis. In nahezu allen Pflanzenfamilien finden sich anfällige Arten.

11.4.5. Bekämpfung

In einigen Ländern wird eine Behandlung mit kupferhaltigen Mitteln oder Antibiotika empfohlen. Der Erfolg chemischer Bekämpfungsmaßnahmen ist jedoch unsicher.

Toleranz- bzw. Resistenzzüchtung gegen *P. syringae* werden angestrebt.

11.5. Krankheit

Bakterienbrand des Kernobstes

(bacterial blossom blight and canker;
бактериальный рак семечковых;
maladies bactérienne des fruits à pepins)

11.5.1. Erreger

Pseudomonas syringae van Hall

11.5.2. Krankheitsbild, Krankheitsverlauf, Übertragung und Erkennung des Erregers

Als Ursache für Rindennekrosen an Apfel- und Birnenbäumen wird häufig ein Befall mit *Pseudomonas syringae* nachgewiesen. Die anfangs rötlich verfärbten leicht eingesunkenen Befallsstellen platzen beim weiteren Fortgang der Infektion auf und können sich zu ausgedehnten Rindennekrosen entwickeln. Häufig hebt sich dabei die äußere Schicht pergamentartig von der übrigen Rinde ab (s. Abb. 18). Das darunterliegende Gewebe wirkt weich und schwammig. Die Entwicklung der Bakteriose ist stark witterungsabhängig. Nicht selten bleiben die Nekrosen über mehrere Jahre hinweg in ihrer Ausdehnung begrenzt, so daß betroffene Bäume kaum weitere Schädigungen erkennen lassen. Unter bestimmten Bedingungen jedoch dehnen sich die Nekrosen flächenmäßig aus und können den Ast oder auch Stamm umgürten. In diesen Fällen sterben einzelne Äste oder auch ganze Bäume ab. An den absterbenden Ästen sind nekrotisierte Blüten- und Blattbüschel in den Sommermonaten erkennbar.

Die genauen Bedingungen für eine Infektion sowie der gesamte Infektionszyklus sind noch nicht sicher aufgeklärt. Ebenso wie im Falle des Bakterienbrandes des Steinobstes ist das Krankheitsgeschehen witterungsabhängig. Wie sich bei experimenteller Infektion zeigte, bestehen auch in den Herbst- und Wintermonaten günstige Infektionsbedingungen.

11.5.3. Verbreitung und wirtschaftliche Bedeutung

Berichte über *Pseudomonas syringae*-bedingte Rindenerkrankungen des Kernobstes gibt es aus einer Reihe europäischer Länder (BRD, ČSSR, DDR, Frankreich, Großbritannien, Italien, Jugoslawien, Schweiz und UdSSR) sowie aus Neuseeland und den USA.

Der Erreger *P. syringae* ist jedoch weltweit verbreitet. Die Bakteriose stellt eine bedeutende Gefahr für den Intensiv-Obstanbau dar. Besonders gefährdet sind Bäume bei Ertragsbeginn und Baumschulbestände. Der Krankheit dürfte eine größere Bedeutung zukommen als bisher angenommen.

11.5.4. Wirtspflanzen

Siehe Bakterienbrand des Steinobstes.

11.5.5. Bekämpfung

Bemühungen, die Krankheit durch Applikation von kupferhaltigen Präparaten oder Antibiotika einzuschränken, verliefen erfolglos. Befallene Triebe sollten entfernt und vernichtet werden. Sortenunterschiede in der Anfälligkeit sind vorhanden. Eine gezielte Resistenz- bzw. Toleranzzüchtung wird angestrebt.

11.6. Krankheit

Bakterieller Walnußbrand
(walnut bacterial blight;
пятнистость листьев плодов грецкого ореха;
maladie bactérienne du noyer)

11.6.1. Erreger

Xanthomonas campestris/Pathotyp *X. juglandis* (Pierce) Dowson

11.6.2. Krankheitsbild, Krankheitsverlauf, Übertragung und Erkennung des Erregers

Die Krankheit äußert sich anfangs in kleinen, runden bis eckigen, durchscheinenden Flecken auf den Laubblättern. Die bevorzugt auf den Blattadern, aber auch auf Lamina und Stiel, auftretenden Flecke können zu großen braunen, nekrotischen Flächen zusammenfließen (Abb. 65). Zur Fleckenbildung kann es auch an jungen Zweigen kommen, die von der Spitze her absterben, wobei das Holz innen verbräunt. Die abgestorbenen Triebe sind besonders beim Austrieb im Folgejahr deutlich erkennbar. Der Erreger befällt ausschließlich unverholzte Triebe. Fruchtinfektionen sind in allen Entwicklungsstadien möglich. Die anfangs wäßrigen runden Flecke können sich ausdehnen, wobei die sich schwarz färbenden Gewebepartien leicht einsinken. Infektionen von älteren Früchten beschränken sich auf das Exokarp. Werden jüngere Früchte befallen, wird auch der Kern betroffen. Die Früchte schrumpfen und fallen häufig ab. Es können auch bereits die Blütenkätzchen infiziert werden. Besonders anfällig sollen ein- bis zweijährige Bäumchen in Baumschulen bzw. ältere fruchttragende Bäume sein. An den Rändern infizierter Gewebeteile treten häufig weißliche bakterienhaltige Massen aus, die als Infektionsquelle dienen.

Der Erreger überwintert in den Krankheitsherden auf den Trieben und wird im Frühjahr durch Regen und Wind auf anfällige Gewebepartien übertragen. *X. campestris*/Pathotyp *X. juglandis* kann weiterhin durch den Pollen erkrankter Bäume übertragen werden. Als Vektoren werden unter den Insekten bzw. Milben *Chromaphis juglandicola* und *Eriophyes tristriatus* var. *erinea* genannt. Der Erreger kann im Boden nicht längere Zeit überdauern.

Abb. 65. Bakterienbrand der Walnuß: Blattsymptome (aus KOTTE)

Das Krankheitsbild kann Anlaß zur Verwechslung mit der Anthraknose geben, einer durch den Pilz *Gnomonia leptostyla* (syn. *Marssonina juglandis*) verursachten Krankheit. Im Gegensatz zum bakteriellen Walnußbrand sind die Blattflecke im Falle der Anthraknose größer und weisen konzentrisch angeordnete Sporenpusteln auf. Die Flecken an der Fruchtschale sind begrenzter und dehnen sich nicht über die gesamte Fruchtschale aus. In Zweifelsfällen sollte versucht werden, mikroskopisch Bakterien im befallenen Gewebe nachzuweisen.

11.6.3. Verbreitung und wirtschaftliche Bedeutung

Die Bakteriose ist offenbar weltweit verbreitet. Mit steigender Intensivierung des Nußanbaus nimmt der Befall zu. In vielen Gebieten kommt es aber zu nur sporadischem Auftreten.

11.6.4. Wirtspflanzen

Neben der wirtschaftlich bedeutenden Walnuß (*Juglans regia*) werden als Wirte folgende *Juglans*-Arten genannt, die experimentell geprüft wurden: *J. californica*, *J. cinerea*, *J. hindsii*, *J. nigra*, *J. sieboldiana* und *J. sieboldiana* var. *cordiformis*.

11.6.5. Bekämpfung

Von erkrankten Bäumen sind befallene Teile zu entfernen und zu vernichten. Winterspritzungen dürften ohne Bedeutung sein, da der Erreger nie verholzte Teile befällt. In den USA wurden zur chemischen Bekämpfung verschiedene Kupferpräparate eingesetzt. Erfolge wurden u. a. mit einer dreimaligen Anwendung von Bordeaux-Brühe erzielt. Um die mit dem Einsatz von Kupferpräparaten verbundenen phytotoxischen Effekte auszuschalten, wurden in jüngerer Zeit in den USA mehrmalige Antibiotika-Behandlungen (Streptomyzin) empfohlen. Hinsichtlich der Anfälligkeit bestehen offenbar Sortenunterschiede. Resistente Sorten von *Juglans regia* wurden jedoch bisher nicht beschrieben. Resistenz bzw. Toleranz soll die Art *Juglans nigra* in Italien besitzen.

12. Bakteriosen der Zierpflanzen

12.1. Krankheit

Blattfleckenkrankheit der Begonie

(bacterial leaf spot of Begonia;
бактериальная пятнистость листьев бегонии;
taches des feuilles de bégone)

12.1.1. Erreger

Xanthomonas campestris (Pammel) Dowson/Pathotyp *X. begoniae* (Takimoto) Dowson

12.1.2. Krankheitsbild, Krankheitsverlauf, Übertragung und Erkennung des Erregers

Der Befall äußert sich zuerst durch das Erscheinen kleiner, glasiger Flecke auf der Blattunterseite nahe dem Rand bzw. dicht an den Blattadern. In diesem Stadium sind die Symptome nur im durchscheinenden Licht erkennbar (Abb. 66a, b). Diese Flecke können sich vergrößern, zusammenfließen und sogar den größten Teil der Blattfläche einnehmen. Dabei werden die befallenen Blatteile welk, schließlich nehmen sie eine bräunliche Färbung an, die Blattadern werden dunkelbraun bis schwarz.

Die Infektion kann auch die Blattstiele und Stengel erfassen und zu deren Verfärbung (braun) und Abknicken führen. Bei schwächerem Befall werden nur einzelne Blätter betroffen, bei stärkerem stirbt die gesamte Pflanze ab.

Wird die kranke Pflanze an den Befallsstellen durchgeschnitten, so tritt bei leichtem Druck ein gelber Bakterienschleim aus. Dieses Merkmal kann in Zusammenhang mit den übrigen Symptomen zur sicheren Erkennung der Krankheit (und zur Unterscheidung vom Blattälchenbefall) dienen.

Der Erreger kommt als S-, R- und M-Form vor und zeichnet sich durch eine hohe Amylase-Aktivität aus.

12.1.3. Verbreitung und wirtschaftliche Bedeutung

Die bakterielle Blattfleckenkrankheit der Begonie wurde bisher in vielen europäischen Ländern und auch in Übersee (Amerika, Ost- und Südasien, Ostafrika) festgestellt. Über ihre wirtschaftliche Bedeutung liegen keine genauen Angaben vor, jedoch dürfte sie bei konzentrierter Begonienanzucht beachtlich sein.

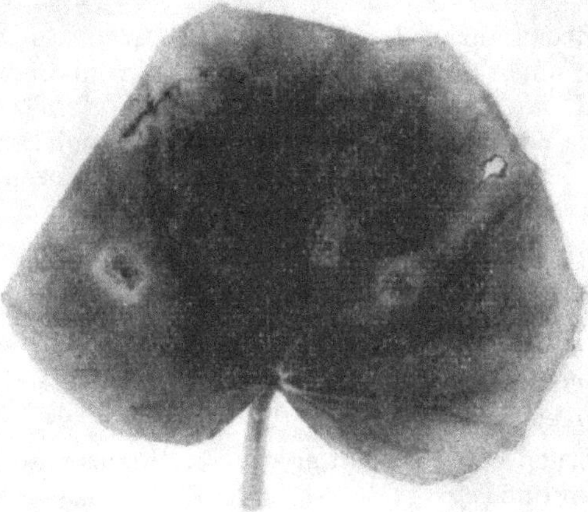

a)

b)

Abb. 66. Bakterielle Blattfleckenkrankheit der Begonie
frühes (a) und spätes Befallsstadium (b) (aus STAPP)

12.1.4. Wirtspflanzen

Als Wirtspflanzen des *X. campestris*-Pathotyps *X. begoniae* kommen ausschließlich *Begonia* spp. in Betracht, nämlich *B. alba*, *B. gracilis*, *B. socotrana*, *B. tuberosa* sowie eine große Zahl von Gartenformen der gewöhnlichen und der Knollenbegonien. Die einzelnen Zierpflanzenarten und -typen unterscheiden sich in ihrer Abhängigkeit voneinander.

12.1.5. Bekämpfung

Die Bekämpfung kann am besten mit phytosanitären Methoden erfolgen:

- Entfernen und Vernichten kranker Pflanzen aus dem Bestand und
- ausschließliche Verwendung gesunder Mutterpflanzen für die Stecklingsanzucht.

Als prophylaktische Maßnahmen sind außerdem zu empfehlen:

- Vermeiden von hoher Feuchtigkeit und höheren Temperaturen bei der Kultivierung
- Sterilisieren des Messers und evtl. der Anzuchterde und
- Tauchen der Stecklinge in Bordeauxbrühe bzw. Spritzen der Jungpflanzenblätter mit diesem Präparat.

12.2. Krankheit

Lackschorf der Gladiole

(Gladiolus scab;
красновато-бурая пятнистость гладиолуса;
maladie bactérienne de glaieul)

12.2.1. Erreger

Pseudomonas marginata (McCulloch) Stapp

12.2.2. Krankheitsbild, Krankheitsverlauf, Übertragung und Erkennen des Erregers

Krankheitssymptome treten nicht nur an den Blättern der Gladiole, sondern auch an den Knollen auf. Als erste Anzeichen der Erkrankung finden sich bevorzugt an der fleischigen, basalen Blattregion zahlreiche kleine, erhabene, punktförmige Flecke von hellrot-brauner Färbung. Durch Zusammenfließen dieser Flecke entstehen große nekrotische Gewebeabschnitte, in denen das gesamte Parenchym zerstört ist. Verlauf der Krankheit und Krankheitsbild sind stark von der vorhandenen Luftfeuchte abhängig. Bei hoher Feuchte erfaßt die Krankheit die ganze Blattspreite, dringt auch auf die inneren Blätter vor und erzeugt dort eine Naßfäule. Bei starkem Befall sind die basalen Teile der Pflanze dunkelbraun verfärbt, wobei die Pflanzen unter Fäuleerscheinungen umfallen können. Häufig sind auch die Knollen erkrankter Pflanzen befallen. An den Hüllen sind braun-schwarze Flecke zu erkennen. Die Flecke auf den Knollen selbst sind rund, eingesunken, hornartig und gelb-braun gefärbt. Sie setzen sich nicht tief in das Fleisch fort und lassen bei Entfernen des befallenen Gewebes hapfförmige Höhlungen zurück. Dabei kann ein gummöses Exsudat austreten, das nach dem Trocknen die Höhlungen lackartig überzieht. Dieses diagnostisch wichtige Symptom an den Knollen gab der Krankheit den Namen „Lackschorf".

12.2.3. Verbreitung und wirtschaftliche Bedeutung

Die Gladiolenkrankheit ist in zahlreichen europäischen Ländern festgestellt worden. Sie kommt weitverbreitet in den USA vor und wurde auch in Kanada, Argentinien und Australien beschrieben. Die Krankheit wurde bisher an allen Gladiolenarten beobachtet, soll jedoch nur örtlich größere wirtschaftliche Bedeutung erlangt haben.

12.2.4. Wirtspflanzen

Neben der Gladiole sollen auch *Iris* spec., *Freesia refracta* und möglicherweise *Dianthus caryophyllus* sowie *Delphinium ajacis* befallen werden.

12.2.5. Bekämpfung

Eine Beizung der Knollen mit Sublimatlösung bzw. mit Quecksilber-Präparaten soll zum Erfolg führen. Dabei werden Einwirkungszeiten von 2 bis zu 12 Stunden angegeben. Bei Ansäuern der $HgCl_2$-Lösung mit HCl läßt sich die Beizzeit auf 10 Minuten reduzieren.

Hohe Luftfeuchte und hoher Kalkgehalt des Bodens fördern die Krankheitsentwicklung.

12.3. Krankheit

Gelbfäule der Hyazinthe

(yellow disease of hyacinths;
желтая гниль гиацинта;
maladie jaune de la jacinthe)

12.3.1. Erreger

Xanthomonas campestris (Pammel) Dowson/Pathotyp *X. hyacinthi*

12.3.2. Krankheitsbild, Krankheitsverlauf, Übertragung und Erkennung des Erregers

Schwach befallene Zwiebeln wachsen zunächst normal aus, erst bei der Blütenentfaltung zeigen sich Störungen. Gleichzeitig werden die Blattspitzen gelb, später braun und auf den Blättern erscheinen gelbliche Streifen längs der Nerven; auch im Schaft verfärben sich die Leitbündel gelblich.

Hat sich die Krankheit soweit entwickelt, so kann es zu Wuchsstockungen, Abfallen einzelner Blüten, Welkeerscheinungen oder zum Austreten gelber Bakterienmassen am Schaft kommen. Bei stärker befallenen Zwiebeln tritt dieses Krankheitsbild entsprechend früher in Erscheinung.

Gesunde Jungpflanzen können aber auch im Freiland spontan infiziert werden. In diesem Falle entstehen wasserdurchsogene Flecke an den Blättern oder Blütenständen, die sich allmählich streifenförmig ausdehnen, gelb werden und sich später braun färben; schließlich vertrocknen die Blattspitzen.

Diese Spontaninfektion geht höchstwahrscheinlich über Wunden, möglicherweise auch durch die an den Blatträndern befindlichen Hydathoden vor sich. Von den Blättern aus wandert der Erreger in die Zwiebeln ein, wo er schließlich in den Zwiebelboden gelangt. Die Krankheitsentwicklung wird durch feucht-warmes Wetter stark gefördert und durch Trockenheit behindert.

Der Gelbfäulebefall läßt sich durch einen Schnitt längs der Zwiebelachse relativ sicher diagnostizieren. Mit *X. campestris*/Pathotyp *X. hyacinthi* befallene Zwiebeln zeigen am Grunde oder auf den Schuppen gelbe Flecke, einzelne Schuppen lassen häufig gelbgefärbte Aufwölbungen („Quaddeln") erkennen, unter denen sich mit gelbem Bakterienschleim angefüllte Kavernen befinden. Nicht selten liegt eine Mischinfektion mit anderen bakteriellen Erregern vor; dann ist die Verfärbung eher gelb-braun. Das allmählich in Fäulnis übergehende Zwiebelfleisch entwickelt einen äußerst unangenehm-stechenden Geruch.

Früher wurde die Krankheit vielfach als „Zwiebelrotz" bezeichnet.

12.3.3. Verbreitung und wirtschaftliche Bedeutung

Die Bakteriose ist in vielen europäischen Ländern und in den USA anzutreffen. Sie hat für Blumenzwiebelexportländer eine große wirtschaftliche Bedeutung. So wurden z. B. in den Niederlanden Ausfälle von 20 bis

50% ermittelt. Inzwischen hat sich durch Verbesserung der Bekämpfungsmaßnahmen das Ausmaß der Verluste verringert.

12.3.4. Wirtspflanzen

Der Pathotyp *X. hyacinthi* von *X. campestris* ist ausschließlich auf *Hyacinthus orientalis* spezialisiert. Die Sorten dieser Zierpflanze unterscheiden sich allerdings sehr in ihrer Anfälligkeit. Dünnfleischige Typen sind im allgemeinen resistenter als dickfleischige.

12.3.5. Bekämpfung

Die Bekämpfung kann durch trockene Erhitzung der am besten etwas verfrüht geernteten Zwiebeln bei 38 °C (2 Wochen) bis 44 °C (kurzzeitig) erfolgen. Nach dieser Behandlung lassen sich infizierte Zwiebeln leicht erkennen und selektieren, schwach befallene werden dadurch saniert. Die Wärmebehandlung muß allerdings mit einer aktiven Belüftung einhergehen.

Gegen einen störenden äußeren Belag mit saprophytischen Bakterien läßt sich erfolgreich eine Begasung mit Formalin oder Ozon einsetzen.

Im Freiland anzutreffende kranke Pflanzen (und evtl. deren Nachbarpflanzen) sollten sofort vernichtet werden. Bei feuchtem Wetter ist ein Betreten der Beete zu vermeiden.

12.4. Krankheit

Bakterielle Welke und Wurzelfäule der Nelke

(bacterial wilt of carnation;
бактериальное убядание гвоздики;
flétrissement bactérien de l'oeillet)

12.4.1. Erreger

Pseudomonas caryophylli Starr et Burkholder

12.4.2. Krankheitsbild, Krankheitsverlauf, Übertragung und Erkennung des Erregers

Es handelt sich um eine typische bakterielle Welkekrankheit, deren Symptome denen der Nelkenfusariose, *Fusarium dianthi*, ähneln. Die Laubblätter der befallenen Pflanzen werden zunächst graugrün und danach gelb, die Pflanzen beginnen zu welken und sterben schließlich ab. In den Gefäßbündeln kommt es über große Distanzen zu gelben bis hellbräunlichen Verfärbungen. Die Wurzeln sind meist vollständig zersetzt.

Die Krankheit kommt in einer akuten und einer chronischen Form vor. Der akute Typ tritt meist nur bei jüngeren Pflanzen (Stecklingskulturen) auf und führt zunächst zu Blattkräuselungen und -krümmungen der jüngsten Blätter, denen dann die geschilderten Welkeerscheinungen und eine völlige Verrottung der Wurzeln folgen. Bei der chronischen Form, die meist nur bei älteren Pflanzen in Erscheinung tritt, ist anfänglich eine geringe Wachstumsverzögerung zu beobachten. Später sind an den Stengeln vielfach Längsrisse von 1—5 cm an den Internodien festzustellen.

Im Bereich der Gefäßbündel und der Wurzeln ist häufig ein zäher Bakterienschleim vorhanden.

P. caryophylli wird vor allem durch kranke Stecklingsmutterpflanzen, aber wohl auch durch verseuchten Boden übertragen. Schwach befallene Stecklinge zeigen äußerlich meist keinerlei Krankheitssymptome, weshalb es rasch zu einer Verseuchung großer Stecklingsbestände kommen kann. Tierische Überträger dieser bakteriellen Welke und Wurzelfäule sind bisher nicht bekannt geworden.

Da die Nelke auch von pilzlichen Welkekrankheiten heimgesucht wird, ist eine sichere Identifizierung der Krankheitsursache allein an Hand der Symptome nicht möglich.

Hierzu ist es vielmehr notwendig, den bakteriellen Erreger zu isolieren (Nähragar oder Bouillon-Saccharose-

Agar) und seine Pathogenität an Tabak (Überempfindlichkeitstest) und vor allem an Nelken nachzuweisen.

12.4.3. Verbreitung und wirtschaftliche Bedeutung

Die Krankheit wurde zuerst in Nordamerika beobachtet (1941). Seit den 50er Jahren tritt sie auch in Europa auf. Im Nelkenanbau der DDR wurden bisher noch keine ernstlichen Schäden festgestellt, die auf diese Krankheit zurückzuführen wären.

12.4.4. Wirtspflanzen

P. caryophylli befällt nach den bisherigen Kenntnissen nur *Dianthus*-Arten. Die einzelnen Nelkensorten unterscheiden sich in ihrer Anfälligkeit gegenüber diesem Erreger.

12.4.5. Bekämpfung

Die Bekämpfung hat sich vor allem auf eine hygienisch einwandfreie Stecklingskultur zu stützen. Hierzu benötigt man dampfsterilisierte Anzuchterde. Auch die Geräte, Töpfe, Messer usw. müssen desinfiziert werden. Die Stecklinge, die nur von gesunden Mutterpflanzen (z. B. Anzuchten aus Meristemkulturen) entnommen werden dürfen, sind an den Schnittflächen in Kaliumpermanganatlösung (gesättigt) zu tauchen.

Bei Anbau im Freiland ist ein 3—5jähriger Fruchtwechsel einzuhalten. Bei Großvermehrung empfiehlt sich eine bakteriologische Untersuchung der Stecklingsmutterpflanzen vor Beginn des Schnitts. Hierfür wurde von HELLMERS (1955) ein geeignetes Verfahren beschrieben, das im wesentlichen darin besteht, daß von jedem Steckling nach äußerer Sterilisation Gewebeproben entnommen, in eine Nährlösung übertragen und mehrere Tage bei 28 °C inkubiert werden.

Stecklinge, bei denen Mikroorganismen aus den Gewebeproben auswachsen, müssen als gefährdet verworfen werden.

12.5. Krankheit

Bakterielle Pelargonienwelke
(bacterial leaf spot of Pelargonium; бактериальное увядание пеларгонии; bactériose du Pelargonium)

12.5.1. Erreger

Xanthomonas campestris/Pathotyp *X. pelargonii* (Brown) Starr et Burkholder

12.5.2. Krankheitsbild, Krankheitsverlauf, Übertragung und Erkennung des Erregers

Die Krankheit tritt vornehmlich im Gewächshaus an Stecklingskulturen auf. Zuerst zeigen sich auf der Unterseite der ältesten Blätter eingesunkene mehr oder weniger runde bis ovale Flecke, die sich bald auch auf der Blattoberseite einstellen. Das befallene Gewebe kollabiert und wird braun. Im Zentrum der unterseits befindlichen Flecken ist meist eine gelblich graue Erhebung zu sehen, die von eingetrocknetem Bakterienschleim herrührt. Bei fortschreitendem Befall fließen die Flecke zusammen, was zur vollständigen Braunfärbung und Schrumpfung der betroffenen Blätter führen kann.

An den Stengeln zeigt sich eine fleckenhafte Braunverfärbung, die Befallsstelle bleibt dabei trocken. Der Erreger kann sich in anfälligen und resistenten Sorten gleichermaßen im Xylem ausbreiten, in resistenten Pflanzen bleibt aber die Zahl der Erreger und der befallenen Gefäße gering.

Die Übertragung erfolgt hauptsächlich durch Stecklinge, eine Infektion kann jedoch offensichtlich auch von verseuchtem Boden ihren Ausgang nehmen.

Tierische Überträger von *X. campestris*/Pathotyp *X. pelargonii* sind nicht bekannt.

Wegen der recht typischen Symptome, die lediglich eine Verwechslung mit einem Nematodenbefall möglich erscheinen lassen, ist der Nachweis dieser Bakteriose relativ leicht. Es ist lediglich notwendig, im Bereich zwischen gesundem und krankem Blattgewebe mit Sicherheit große Bakterienmengen festzustellen. Der Nachweis dieser Tracheobakteriose kann mittels Fluoreszenzmikroskop vorgenommen werden. Befallene Gefäße zeigen starke Fluoreszenz.

12.5.3. Verbreitung und wirtschaftliche Bedeutung

Die Krankheit kommt in Amerika und Europa vor. Auch in der DDR und in der BRD tritt sie gelegentlich auf. Schäden entstehen bei unsachgemäßer Kultivierung vor allem in der Jungpflanzenanzucht, wo es zu erheblichen Ausfällen kommen kann. Jungpflanzenproduzierende Betriebe sind daher besonders gefährdet.

12.5.4. Wirtspflanzen

Befall mit *X. campestris*/Pathotyp *X. pelargonii* wurde an Sorten von

Pelargonium domesticum
P. hortorum (= *zonale*) und
P. peltatum

festgestellt, während *P. graveolens* sich als unanfällig erwies. Innerhalb der anfälligen Arten gibt es allerdings sehr resistente Sorten.

12.5.5. Bekämpfung

Da die Ausbreitung der Krankheit im Gewächshaus durch hohe Luftfeuchtigkeit stark begünstigt wird, sind als Bekämpfungsmaßnahmen zu empfehlen:

- sorgfältige Regulierung der Temperatur- und Feuchtigkeitsbedingungen
- Einhaltung genügend weiter Abstände bei im Freien wachsenden Pflanzen
- fleckige Blätter sind umgehend zu entfernen und zu vernichten

- sorgfältiges Vorgehen beim Gießen der Pflanzen (möglichst nur das Substrat, nicht die Blätter benetzen)
- Gewinnung gesunder Mutterpflanzen und Stecklinge nur von diesen schneiden, Gesundheitszustand der Stecklinge durch 1wöchige Kultivierung bei 35 °C und 100% Luftfeuchtigkeit überprüfen
- vorbeugende Spritzung mit Kupferpräparaten.

12.6. Krankheit

Schwarzfleckigkeit des Rittersporns

(Delphinium black spot, black disease;
черная пятнистость живокости;
taches noires foliaires du Delphinium)

12.6.1. Erreger

Pseudomonas syringae van Hall/Pathotyp *P. delphinii* (E. F. Smith) Stapp

12.6.2. Krankheitsbild, Krankheitsverlauf, Übertragung und Erkennung des Erregers

Auf den Laubblättern des Rittersporns (*Delphinium* spec.) bilden sich oberseits schwarze Flecke von unregelmäßiger Gestalt, die Durchmesser bis zu 2 cm erreichen. Die Flecke selbst lassen häufig konzentrische Ringe erkennen, wie sie bei pilzlichen Infektionen auftreten. Blattunterseits sind die Flecke braun gefärbt. Bei Infektion jüngerer Pflanzen kann es zu Deformationen kommen. Die schwarzen Flecke treten auch an Blattstielen, Stengeln und Blütenknospen auf.

Der Erreger dringt durch Stomata und Hydathoden in das pflanzliche Gewebe ein. Es wird angenommen, daß die Bakterien im Boden überwintern und im Frühjahr bei Regen mit dem Spritzwasser auf die Blätter gelangen.

12.6.3. *Verbreitung und wirtschaftliche Bedeutung*

Die weit verbreitete Krankheit ist besonders an der Ostküste der USA verheerend aufgetreten.

12.6.4. *Wirtspflanzen*

Als natürlicher Wirt ist ausschließlich *Delphinium* spec. bekannt. Im Experiment gelang es, *Aconitum napellus* zu infizieren.

12.6.5. *Bekämpfung*

Krankes Material sollte sofort entfernt und verbrannt werden. Im Frühjahr ist der Boden um die Pflanze mit Kupferpräparaten zu behandeln, außerdem sollten die unteren Blätter mit gespritzt werden.

12.7. *Krankheit*

Verbänderung
(fasciation;
бактериальная фасциация, уродливость;
fasciations des tiges)

12.7.1. *Erreger*

Corynebacterium fascians (Tilford) Dowson

12.7.2. *Krankheitsbild, Krankheitsverlauf, Übertragung und Erkennung des Erregers*

Befall mit *C. fascians* führt zu Mißbildungen. Sie entwickeln sich im unteren Stengelteil oder bereits am Hypokotyl von Keimpflanzen. Dabei entstehen viele kurze, fleischige, dicke und rückgebildete, teilweise miteinander verwachsene oder blumenkohlartige Wucherungen bildende Stengel, die — wenn überhaupt — mißgestaltete Blätter tragen (Abb. 67a, b). Es sind aber auch hahnenkamm- oder auch wurzelkropfartige Wucherungen und

a)

b)

Abb. 67. Verbänderung bei Pelargonie (a) und *Asparagus* (b)

typische Verbänderungen zu beobachten. Wenn die Zahl der verbänderten Triebe zunimmt, erinnern die Symptome an einen typischen Hexenbesen. Die geschilderten Mißbildungen entstehen häufig an den unterirdischen Stengelteilen und werden daher zunächst gar nicht bemerkt, da sich sehr oft einige Triebe normal entwickeln oder erst zu einem späteren Zeitpunkt ihr Wachstum einstellen.

Die Mißbildung nimmt im Normalfall ihren Ausgang vom Hypokotyl. Offenbar liegt eine parasitär bedingte Störung des normalen Auxinstoffwechsels vor.

Bei den hier behandelten Wirtspflanzen, den Nelken, Pelargonien und Chrysanthemen, tritt die Krankheit meist in Form von typischen Verbänderungen auf. Sie können daher hier gemeinsam besprochen werden.

Der Erreger lebt entweder auf der Oberfläche oder in den äußeren Schichten der befallenen Pflanzenorgane. Dorthin gelangt er vom Boden aus oder durch Kontakt mit verseuchtem Pflanzenmaterial (Samen, Stecklinge) oder Arbeitsmitteln (Messer usw.). Der Erreger kann im Boden überwintern. Tierische Überträger wurden bisher nicht beschrieben, dürften aber gerade bei diesem äußerlich übertragbaren Erreger von Bedeutung sein.

Die Krankheitssymptome, die von *C. fascians* hervorgerufen werden, sind so charakteristisch, daß sich für die genaue Diagnose im allgemeinen eine weitergehende Analyse erübrigt. Bestehen Verwechslungsmöglichkeiten mit anderen Krankheitserregern, z. B. *Agrobacterium tumefaciens* (etwa beim Tabak) oder pilzlichen Hexenbesen-Erkrankungen, so empfiehlt sich die Herstellung von mikroskopischen Präparaten und eine Gram-färbung der in oder auf den mißgebildeten Organen feststellbaren Bakterien.

12.7.3. Verbreitung und wirtschaftliche Bedeutung

Die Krankheit ist weltweit verbreitet. Schäden entstehen vor allem dadurch, daß die befallenen Pflanzen nicht mehr verkaufsfähig sind. Das Befallsausmaß kann bei Nichtbeachten der Pflanzenhygiene $> 50\%$ erreichen.

12.7.4. *Wirtspflanzen*

Der Wirtspflanzenkreis von *C. fascians* ist sehr umfangreich. Als anfällig sind bekannt:

- Gartenbohne
- Erbse
- Ackerbohne
- Kürbis
- Erdbeere
- Tabak (*Nicotiana tabacum*, *N. glutinosa*)

sowie folgende Zierpflanzen:

- *Althaea rosea*
- *Asparagus sprengeri*
- *Aster frikartii*
- *Buddleia variabilis*
- *Cardamine triloba*
- *Cheiranthus allionii*
- *Chrysanthemum indicum*
- *C. maximum*
- *Cicer arietum*
- *Crassula* spec.
- *Dahlia* spec.
- *Delphinium* spec.
- *Dianthus caryophyllus*
- *D. barbatus*
- *Forsythia suspensa*
- *Gladiolus* spec.
- *Gypsophila paniculata*
- *Heuchera sanguinea*
- *Lathyrus oderatus*
- *Lilium regale*
- *Nasturtium* spec.
- *Pelargonium zonale*
- *Petunia hybrida*
- *Phaseolus multiflorus*
- *Schizanthus retusus*
- *S. grandiflorus*
- *S. pinnatus*
- *Verbascum densiflorum*
- *V. vernale*.

12.7.5. *Bekämpfung*

Die bakteriell bedingte Verbänderung vermeidet man in der Praxis am besten durch strikte Beachtung der Pflanzenhygiene. Die Hauptforderungen sind

- die Verwendung einwandfreien Pflanzguts (insbesondere gesunder Stecklingsmutterpflanzen)
- Beizung der Samen (mit Quecksilber-Naßbeize oder kupferhaltigen Stäubemitteln)
- Desinfektion des Bodens (durch Dämpfen oder auf chemischem Wege, z. B. mit Formalin).

13. Bestimmungsschlüssel für bakterielle Pflanzenkrankheiten

		Nummer im Schlüssel
Symptome an	Getreide	1
	Kartoffeln	2
	Beta-Rüben	3
	Futterleguminosen	4
	Gemüsearten	5
	Tabak	6
	Obst (einschl. Walnuß)	7
	Zierpflanzen	8

1. Symptome an Getreide

Krankheitserscheinungen an

Weizen	1.1
Gerste	1.2
Roggen	1.3
Hafer	1.4

1.1. Weizen

— Auf den Blättern kleine längliche durchscheinende Flecke, die allmählich gelb bis braun werden und bakterienhaltige später krustenartig eintrocknende Schleimtropfen absondern; an den Halmen unterhalb der Knoten braune oder schwarze Streifen, die ebenfalls mit Exsudat bedeckt sein können; Schwärzung der oberen Teile der Spelzen, zuweilen auch die Grannen oder die ganze Ähre erfassend; Schmachtkörner mit gelben Streifen
Schwarzspelzigkeit des Weizens
(*Xanthomonas campestris*/Pathotyp *X. translucens*)
s. S. 147

— Vertrocknen der Blätter und Deformation der Ähre, dunkelbraune Verfärbung der Spelzen (anfangs nur marginal oder auf der Innenseite), zuweilen nur Schmachtkörner vorhanden; bei Frühbefall Braunfärbung der Koleoptile und Zwergwuchs eintretend
Basale Spelzenfäule des Weizens
(*Pseudomonas syringae*/Pathotyp *P. atrofaciens*) s. S. 149

— Kräuselung der Blätter; auf deren Oberfläche eine gelbe schleimige Flüssigkeit vorhanden, die später eintrocknet; Ähre und Fahnenblatt von gelbem, gummosem oder verkrustetem Exsudat bedeckt; Wuchsdepressionen und frühes Absterben
Gelbschleimigkeit des Weizens
(*Corynebacterium tritici*) s. S. 151

— Scharf begrenzte Blattflecke von verschiedener Größe und Form, häufig von einem (sporulierenden) Pilzmyzel überzogen
diverse pilzliche Krankheiten

— großflächige Verfärbung der Blätter von der Spitze oder vom Rand her
meist: **Krankheiten nichtparasitärer Ursache**

1.2. Gerste

— streifige durchscheinende gelbliche, später hellbraune Flecke auf den Blattspreiten; bei starkem Befall Blätter vorzeitig absterbend
Bakterienbrand der Gerste
(*Xanthomonas campestris*/Pathotyp *X. translucens*)
s. S. 147

— gut abgegrenzte Flecke von meist runder, ovaler oder streifiger Form; häufig mit (sporulierenden) Pilzmyzel bedeckt)
diverse pilzliche Krankheiten

1.3. Roggen

— dunkelgrüne durchscheinende runde oder längliche Flecke auf den Blattspreiten, aus denen ein schleimiges Exsudat hervortritt
Bakterielle Streifigkeit des Roggens
(*Xanthomonas campestris*/Pathotyp *X. translucens*) s. S. 147

— gut abgegrenzte Flecke von runder oder ovaler bis streifiger Form; häufig mit einem (sporulierenden) Pilzmyzel bedeckt
diverse **Pilzkrankheiten**

1.4. Hafer

— auf den Blättern hellgrüne, ovale, später trocknende Flecke von 4—5 mm ⌀, die rotbraun werden, auf älteren Blättern

zusammenfließend und unregelmäßige Nekrosen bildend, die von einem hellen Hof umgeben sind; untere Blätter absterbend; manchmal zeigen auch die Blattscheiden und Hüllspelzen Flecke
Die ovale Blattfleckigkeit des Hafers
(*Pseudomonas syringae*/Pathotyp *P. coronafaciens*) s. S. 152

— eingesunkene, wasserdurchtränkte Flecke auf den Blattspreiten, die sich streifig ausdehnen und einen gelblichen bis braunen Rand besitzen; kein Hof vorhanden; ältere Streifen können rotbraun werden; obere Pflanzenteile sterben manchmal völlig ab; bei hoher Luftfeuchtigkeit tritt auf den Flecken Bakterienschleim aus, der zu einem dünnen Häutchen eintrocknet; teilweise auch Spelzen und Blattscheiden befallen
Die bakterielle Streifenkrankheit des Hafers
(*Pseudomonas syringae*/Pathotyp *P. striafaciens*) s. S. 154

— abgegrenzte Flecke von meist runder oder ovaler bis streifiger Form; häufig mit einem (sporulierenden) Pilzmyzel bedeckt
diverse pilzliche Krankheiten

2. Symptome an Kartoffeln

Krankheitserscheinungen an	Blättern	2.1.
	Stengeln	2.2.
	Knollen	2.3.

2.1. Befall an Blättern

— begrenzte Verfärbungen und Fleckenbildungen aller Art
diverse Virosen oder **pilzliche Krankheiten** bzw. **Krankheiten nichtparasitärer Ursache**

— mit Chlorosen beginnende Welkeerscheinungen
Krankheiten verschiedener Ursache
(darunter auch bakteriell bedingte)

2.2. Befall an Stengeln

— braunschwarze Verfärbung der unteren Stengelpartie; Trieb läßt sich leicht herausziehen
Schwarzbeinigkeit
(*Erwinia carotovora* var. *atroseptica*)
s. S. 159

— ovale ± große braune Flecke, zuweilen mit Pilzmyzel überzogen
diverse pilzliche Krankheiten

2.3. Befall an den Knollen

- oberflächlich erkennbare Symptome
  - kraterförmige Vertiefungen unterschiedlicher Form, Größe und Tiefe auf der Knollenschale vorhanden, aber makroskopisch kein (sporulierendes) Pilzmyzel feststellbar
    Kartoffelschorf
    (*Streptomyces scabies*)
    s. S. 164
  - kraterförmige Vertiefungen auf der Knollenschale sichtbar, aber massenhaft dunkelbraunes bis schwarzes pulverartiges Sporenmaterial eines Pilzes enthaltend
    Pulverschorf
  - auf der Knollenschale schwarze Pusteln bzw. kleine weißliche oder farbige Myzelpolster vorhanden
    diverse pilzliche Krankheiten
- an aufgeschnittenen Knollen sichtbare Symptome
  - auf den Gefäßbündelring beschränkte Gelb- bzw. Braunfärbung und Erweichung des Gewebes
    Bakterienringfäule
    (*Corynebacterium sepedonicum*)
    s. S. 155
  - größere Partien des Knollengewebes in eine typische Naßfäule übergegangen; die Faulstellen häufig mit dunkelbraunem Rand umgeben; modriger bis unangenehm-fauliger Geruch
    Knollennaßfäule
    (*Erwinia carotovora* var. *atroseptica*)
    oder **andere bakterielle Naßfäulen**
    s. S. 159
  - Braunverfärbung des Gewebes; zuweilen pilzüberzogene Hohlräume vorhanden; Gewebe teils naß- teils trockenfaul
    diverse pilzliche Krankheiten

3. Symptome an Rüben

Krankheitserscheinungen an	Keimpflanzen	3.1.
	Blättern	3.2.
	Rübenkörpern	3.3.

3.1. Krankheitserscheinungen an Keimpflanzen
diverse pilzliche Krankheiten

3.2. Krankheitserscheinungen an Blättern

— kleine bis mittelgroße Blattflecke, häufig von (sporulierendem) Myzel überzogen
diverse pilzliche Krankheiten
— großflächige Verfärbungen
Virosen oder Krankheiten nichtparasitärer Ursache

3.3. Krankheitserscheinungen am Rübenkörper

— erbsen- bis apfelgroße Wucherungen am Rübenkörper, keine braunen Kavernen vorhanden
Wurzelkropf
(*Agrobacterium tumefaciens*)
s. S. 168

— erbsen- bis apfelgroße Wucherungen am Rübenkörper mit rissiger, braungefärbter Oberfläche, im Innern kleine braune Kavernen enthaltend
(**Bakteriose; Tuberkulose der Rüben;** Erreger bisher als *Xanthomonas beticola* beschrieben)
s. S. 169

— kraterförmige Vertiefungen unterschiedlicher Größe und Form auf der Rübenoberfläche (oft in einer ringförmigen Zone konzentriert); mikroskopisch kein Pilzmyzel sichtbar
Schorf
(*Streptomyces scabies*)
s. S. 164

— Fleckenbildungen und Verfärbungen anderer Art auf und im Rübenkörper
diverse pilzliche Krankheiten

4. Symptome an Futterleguminosen

Krankheitserscheinungen auf Blättern und Hülsen von

Luzerne	4.1.
Ackerbohne	4.2.

4.1. Symptome an Luzerne

— Welkeerscheinungen an Blättern und Stengeln; gelblich-bräunliche Verfärbung der Gefäßbündel; bei Aufbewahrung

der befallenen Pflanzenteile in „feuchten Kammern“ kein Pilzmyzel aus dem Gewebe hervorbrechend
Luzernewelke
(*Corynebacterium insidiosum*)

s. S. 171

— Welkeerscheinungen an Blättern und Stengeln; gelblich-bräunliche Verfärbung der Gefäßbündel; bei Aufbewahrung in „feuchten Kammern“ Pilzmyzel aus den befallenen Teilen hervorbrechend
pilzliche Welkekrankheiten

— Krankheitserscheinungen anderer Art (Blattflecke etc.)
diverse Virosen, pilzliche Krankheiten bzw. Krankheiten nichtparasitärer Ursache

4.2. Symptome an Ackerbohne

— Absterben der unteren Blätter vom Rand her, Einrollen („Löffeln“) der Blätter; dunkelgrüne bis schwarze Flecke auf den Hülsen; später großflächige Braun- bzw. Schwarzfärbung der Blätter und Hülsen (ab Anfang August); schwarze Flecke auf den Samen
Ackerbohnenbakteriose
(*Pseudomonas fabae*)

s. S. 173

— Flecke anderer Art auf Blättern und Hülsen; häufig mit (sporulierendem) Pilzmyzel bedeckt
diverse pilzliche Krankheiten

5. Symptome an Gemüsearten

Krankheitserscheinungen an		
	Kohl	5.1.
	Möhren	5.2.
	Gurken	5.3.
	Bohnen	5.4.
	Erbsen	5.5.
	Tomaten	5.6.

5.1. Symptome an Kohl

— schwarze Verfärbung der Blattadern bzw. Gefäße im Innern des Kopfes oder Strunkes; bisweilen beim Anschneiden Bakterienschleim austretend
Adernschwärze des Kohls
(*Xanthomonas campestris*) s. S. 180

— gelbliche oder bräunliche bis purpurfarbene, von einem bräunlichen Rand umgebene Blattflecke (hauptsächlich an Blumenkohl), zuweilen Flüssigkeitstropfen absondernd
Blattfleckenkrankheit des Blumenkohls
(*Pseudomonas maculicola*) s. S. 185

— Blattflecke anderer Art, häufig von sporulierendem Pilzmyzel überzogen
diverse pilzliche Krankheiten

— meist erst im Lager auftretende Weichfäule an den Strünken oder im Innern der Kohlköpfe, ohne daß Pilzmyzel, -fruchtkörper oder -dauerorgane sichtbar sind; meist unangenehmfauliger Geruch vorhanden
Bakterielle Naßfäule des Kohls
(*Erwinia carotovora* var. *carotovora* und andere bakterielle Naßfäuleerreger)
s. S. 176

— Fäulniserscheinungen anderer Art, meist Pilzmyzel, -fruchtkörper oder -dauerorgane vorhanden
diverse pilzliche Krankheiten

5.2. Symptome an Möhren

— Weichfäule an oder im Möhrenkörper vorhanden, ohne daß Pilzmyzel, -fruchtkörper oder -dauerorgane sichtbar sind; meist mit unangenehm-fauligem Geruch verbunden
Möhrennaßfäule
(*Erwinia carotovora* var. *carotovora*) s. s. 187

— Fäulniserscheinungen anderer Art am Möhrenkörper, meist Pilzmyzel, -fruchtkörper oder -dauerorgane vorhanden
diverse pilzliche Krankheiten

5.3. Symptome an Gurken

— auf den Blättern 0,5—2 cm große, eckig begrenzte, gelbliche bis braune Flecke, oft pergamentartig-dünn, zuweilen das befallene Gewebe aufreißend und herausfallend; bei hoher Luftfeuchtigkeit auf der Blattunterseite bakterienhaltige Flüssigkeitstropfen austretend; auf den Früchten runde Flecke mit weißem Zentrum; hauptsächlich im Freiland auftretend
„Eckige Blattflecken"-Krankheit der Gurke
(*Pseudomonas syringae*/Pathotyp *P. lachrymans*)
s. S. 191

— auf den Blättern 0,5—2 cm große, eckig begrenzte, gelbgrüne Flecke; auf den Befallsstellen Lager mit langen dunklen Sporen (Lupenvergrößerung!) sichtbar; hauptsächlich in Gewächshauskulturen verbreitet
Gurkenbrand
(= *Corynespora melonis*)

— runde oder ovale Flecke anderer Art; häufig mit (sporulierendem) Pilzmyzel bedeckt
diverse andere pilzliche Krankheiten

— Verfärbungen größeren Ausmaßes, teils vom Blattrand beginnend
Virosen, Schädlingsbefall bzw. Krankheiten nichtparasitärer Ursache

5.4. Symptome an Bohnen

— gelbe bis braune ± große Flecke und Verfärbungen auf den Spreiten der Fiederblätter und Hülsen; Flecke oft von gelbem Hof umgeben; bei hoher Luftfeuchtigkeit bisweilen Flüssigkeitstropfen austretend; kein Pilzmyzel oder dergl. sichtbar; an Samen kraterförmige gelb gefärbte Vertiefungen
Fettfleckenkrankheit der Bohne
(*Pseudomonas syringae*/Pathotyp *P. phaseolicola*)
s. S. 196

— in warmen Sommern auf Fiederblättern und Hülsen sichtbare schokoladenbraune ± große Flecke; bei hoher Luftfeuchtigkeit bisweilen bakterienhaltige Flüssigkeitstropfen absondernd; an Samen gelbliche Flecke vorhanden
Bohnenbrand
(*Xanthomonas campestris*/Pathotyp *X. phaseoli* var. *fuscans*)
s. S. 200

— Fleckenbildungen anderer Art auf Blättern und Hülsen; meist Pilzmyzel oder -dauerorgane sichtbar
diverse pilzliche Krankheiten

5.5. Symptome an Erbsen

— Längliche, wasserdurchtränkte bis olivbraune Flecke auf den Stengeln, die von den Blattachseln ausgehen; runde später braun gefärbte und vertrocknende Flecke auf den

Hülsen; kein Pilzmyzel und keine Pilzfruchtkörper oder -dauerorgane sichtbar
Bakterieller Stengelbrand der Erbsen
(*Pseudomonas syringae*/Pathotyp *P. pisi*) s. S. 204

-- Welkeerscheinungen, Wuchsdepressionen, Fleckenbildungen anderer Art; häufig Pilzmyzel, -fruchtkörper oder -dauerorgane vorhanden
diverse pilzliche Krankheiten

5.6. Symptome an Tomaten

— Welkeerscheinungen an Blättern und Stengeln; an Schnittflächen Bakterienschleim austretend; Gefäßbündel im Stengel und Blattstiel braun gefärbt oder gänzlich zerstört; zuweilen außen braune Längsstreifen sichtbar; bei Aufbewahrung der befallenen Pflanzenteile in „feuchten Kammern" kein Pilzmyzel aus dem Gewebe hervorbrechend
Bakterielle Tomatenwelke
(*Corynebacterium michiganense*) s. S. 206

— Welkeerscheinungen an Blättern und Stengeln; bei Aufbewahrung der befallenen Pflanzenteile in „feuchten Kammern" (sporulierendes) Pilzmyzel aus dem Innern hervorbrechend
pilzliche Welkekrankheiten

— Fleckenbildungen an Blättern und Früchten, häufig von sporulierendem Pilzmyzel bedeckt
diverse pilzliche Krankheiten

6. Symptome an Tabak

— auf den Blättern zahlreiche 0,5—1 cm große graubraune Flecke, meist mit dunklerem Zentrum und einem gelben Hof; rasche Krankheitsentwicklung, Flecke zusammenfließend; gelegentlich Schrumpfungen, Wellungen und Verdrehungen der Blätter feststellbar; auf den Blattstielen weiße oder hellbraune Flecke vorhanden; an Jungpflanzen Blätter mit Flecken bedeckt oder ganz absterbend, zuweilen mißgestaltete, lanzettliche Blätter entstehend; auch bei Auslegen in eine „Feuchtkammer" kein Wachstum parasitischer Pilze sichtbar
Wildfeuer des Tabaks
(*Pseudomonas syringae*/Pathotyp *P. tabaci*) s. S. 209

— Fleckenbildung anderer Art (Chlorosen, Nekrosen); häufig auf den Befallsstellen Pilzrasen feststellbar
verschiedene Virosen und pilzliche Krankheiten

7. Symptome an Obst

7.1. Mißbildungen und Wucherungen

— an allen Obstarten auftretende apfel- bis ballgroße krebsartige Verdickungen, zuweilen auch korallenartig-zerklüftete Wucherungen am Stengelgrund oder im Wurzelbereich
Wurzelkropf der Obstgehölze
(*Agrobacterium tumefaciens*)
s. S. 211

— an allen Obstarten auftretende häufig faustgroße oder ringförmige Verdickungen am Stammgrund oder im Wurzelbereich, aus denen eine Vielzahl von Wurzeln hervorbrechen
Haarwurzelkrankheit der Obstgehölze
(*Agrobacterium rhizogenes*)
s. S. 214

7.2. Krankheitserscheinungen an Blättern, Blüten Früchten

— am Kernobst vorkommende plötzliche Braunverfärbung der Blüten, Blätter und Triebspitzen, die die gesamte Baumkrone erfassen kann; häufig aus den befallenen jungen Früchten, Blättern oder jungen Trieben Bakterienschleim austretend; Holz unterhalb der befallenen Rinde rot verfärbt, gegen gesundes Gewebe scharf abgegrenzt („Brandstellen")
Feuerbrand des Kernobstes
(*Erwinia amylovora*)
s. S. 216

— Absterben der Blüten; auf den jungen Früchten, Fruchtstielen und jungen Trieben braune eingesunkene Flecke; häufig Stauchung der Triebe feststellbar; auf den Laubblättern kleine, scharf begrenzte, meist herausfallende

Nekrosen sichtbar („Schrotschußeffekt"); dieses Schadbild tritt zusammen mit Rindenerkrankungen und Gummifluß auf (siehe dort!)
Bakterienbrand
(*Pseudomonas syringae*) s. S. 222 und 225

— Flecke anderer Art auf den Blättern und Früchten; häufig (sporulierendes) Pilzmyzel vorhanden
diverse pilzliche Krankheiten

7.3. Rindenerkrankungen

— deutlich sichtbare krankhafte Veränderungen der Rinde von Stamm oder Ästen bei Stein- oder Kernobst, häufig mit Gummifluß verbunden; bildet diese Rindennekrose einen geschlossenen Ring, so stirbt der jeweilige Baum bzw. Zweig ab; keine Fruchtkörper von Pilzen auf den nekrotischen Stellen sichtbar
Bakterienbrand
(*Pseudomonas syringae* oder
Pseudomonas syringae/Pathotyp *P. morsprunorum*)
s. S. 222 und 225

— krankhafte Veränderungen der Rinde am Stamm oder an den Ästen bei Kern- und Steinobst; meist Pilzmyzel oder -fruchtkörper vorhanden
diverse pilzliche Rindenerkrankungen

7.4. Krankheitserscheinungen an Walnuß

— zunächst kleine, später zusammenfließende, anfangs durchscheinend-wasserdurchtränkte, danach schwarze Flecke auf den Blättern, bevorzugt auf den Adern; Fleckenbildung auf unverholzten jungen Trieben, die später von der Spitze her absterben; bei hoher Feuchtigkeit bakterienhaltige Exsudate feststellbar; auf den Fruchtschalen runde, danach sich vergrößernde schwarze Flecke; Frucht faulig erweichend; kein Pilzwachstum im Bereich der Flecke nachweisbar
Bakterieller Walnußbrand
(*Xanthomonas campestris*/Pathozyp *X. juglandis*) s. S. 227

— braune, eckig begrenzte, zusammenfließende Flecke, unterseits kreisförmig angeordnete Sporenpusteln; auf der Fruchthülle kleine braunschwarze Flecke, mit Sporenpusteln besetzt; Früchte vertrocknend
Marssonina juglandis (= *Gnomonia leptostyla*)

— Flecke anderer Art auf Blättern und Früchten; meist mit Pilzmyzel oder -fruchtkörpern bedeckt
andere pilzliche Krankheiten

8. Symptome an Zierpflanzen

Mißbildungen und Wucherungen		8.1.
Krankheitserscheinungen bei	Gladiole	8.2.
	Hyazinthe	8.3.
	Begonie	8.4.
	Pelargonie	8.5.
	Nelke	8.6.
	Rittersporn	8.7.

8.1. Mißbildungen und Wucherungen

— an verschiedenen Zierpflanzen, z. B. *Asparagus*, Begonie, Chrysantheme, Dahlie, Gladiole, Nelke, Pelargonie, Petunie und *Tropaeolum*, auftretende erbsen- bis apfelgroße, kugelige, blumenkohl- oder hexenbesenartige, oft mit deformierten Blättern besetzte Wucherungen am Stengelgrund
Verbänderung
(*Corynebacterium fascians*)
s. S. 242

8.2. Symptome an Gladiole

— an den Rändern und z. T. auf den Spreiten der Blätter bräunliche, streifige Flecke vorhanden; bei hoher Feuchtigkeit Flüssigkeitstropfen austretend; kein Pilzwachstum feststellbar
Lackschorf der Gladiole
(*Pseudomonas marginata*) s. S. 232

— Blattflecke anderer Art, meist bei älteren Flecken Pilzmyzel oder -fruchtkörper sichtbar
diverse pilzliche Krankheiten

8.3. Symptome an Hyazinthe

— Gelbverfärbung der Blattspitzen, gelbe Streifen längs der Blattadern; gelbe Verfärbung der Leitbündel im Stengel; im Freiland wasserdurchtränkte-ölartige ovale bis streifige Flecke auf den Blättern und am Sproß sichtbar; häufig Wachstumshemmungen vorhanden; in den Zwiebeln gelbe Stellen und teilweise gelbe „Quaddeln“ (Schleimkavernen)

feststellbar; Zwiebeln oft in Fäulnis übergehend, von unangenehm stechendem Geruch
Gelbfäule der Hyazinthe
(*Xanthomonas campestris*/Pathotyp *X. hyacinthi*)
s. S. 234

— Flecke und Verfärbungen anderer Art; meist Pilzmyzel oder -fruchtkörper vorhanden
diverse pilzliche Krankheiten

8.4. Symptome an Begonie

— zunächst wasserdurchtränkte ölartige, später zusammenfließende bräunliche Blattflecke; Blattadern dunkelbraun bis schwarz verfärbt; zuweilen erkranken auch die Blattstiele und Stengel unter Braunfärbung; beim Durchschneiden der Befallsstellen wird gelber Bakterienschleim sichtbar
Blattfleckenkrankheit der Begonie
(*Xanthomonas campestris*/Pathotyp *X. begoniae* oder Nematodenbefall (mikroskopische Kontrolle erforderlich!))
s. S. 229

— Blattflecke und Verfärbungen anderer Art
verschiedene (auch nichtparasitäre) Ursachen

8.5. Symptome an Pelargonie

— zunächst wasserdurchtränkte, ölartig erscheinende, später bräunlich werdende Blattflecke von 0,3—0,5 cm Größe; bei hoher Feuchtigkeit zuweilen Flüssigkeitstropfen absondernd
Bakterielle Pelargonienwelke
(*Xanthomonas campestris/Pathotyp X. pelargonii*)
s. S. 239

— Blattflecke und Verfärbungen anderer Art
verschiedene (auch nichtparasitäre) Ursachen

8.6. Symptome an Nelke

— Wachstumsdepressionen, Welke- und Absterbeerscheinungen bei Pflanzen verschiedenen Alters; gelblich-bräunliche Verfärbung der Gefäßbündel; aus angeschnittenen Pflanzenteilen bakterienhaltiger Schleim austretend; bei Aufbewahrung in „feuchten Kammern“ keine Pilze aus dem Innern herauswachsend

Bakterielle Welke und Wurzelfäule der Nelke
(*Pseudomonas syringae*/Pathotyp *P. caryophylli*)
s. S. 236

— Welke- und Absterbeerscheinungen meist auch mit Verfärbung der Gefäßbündel; kein bakterienhaltiger Schleim aus angeschnittenen Pflanzenteilen austretend; bei Aufbewahrung in „feuchten Kammern" Pilzmyzel auswachsend
pilzliche Welkekrankheiten

8.7. Symptome an Rittersporn

— zunächst kleine wasserdurchtränkte, ölartig aussehende, später schwarze Flecke von unregelmäßiger Gestalt und einer Größe bis zu 2 cm auf den Fiederblättern; manchmal konzentrische Ringe auf den Flecken sichtbar; kein Pilzwachstum vorhanden
Schwarzfleckigkeit des Rittersporns
(*Pseudomonas syringae*/Pathotyp *P. delphinii*) s. S. 241

— Blattflecke und Verfärbung anderer Art; zuweilen Pilzwachstum auf den Befallsstellen sichtbar
diverse pilzliche Krankheiten

14. Literaturverzeichnis

Im Text angeführte Literatur:

Bergey's Manual of Determinative Bacteriology: Hrsg.: D. H. BERGEY, E. G. D. MURRAY and A. P. HITCHENS, 5. Aufl. Baltimore: The Williams and Wilkins Co. 1939, 1032 S.

Bergey's Manual of Determinative Bacteriology. Hrsg.: R. S. BREED, E. G. D. MURRAY and A. P. HITCHENS, 6. Aufl. Baltimore: The Williams and Wilkins Co. 1948, 1529 S.

Bergey's Manual of Determinative Bacteriology. Hrsg.: R. S. BREED, E. G. D. MURRAY and N. R. SMITH, 7. Aufl. Baltimore: The Williams and Wilkins Co. 1957, 1094 S.

Bergey's Manual of Determinative Bacteriology. Hrsg.: R. E. BUCHANAN and N. E. GIBBONS, 8. Aufl. Baltimore: The Williams and Wilkins Co. 1974, 1268 S.

CASPER, S. J.: Grundzüge eines natürlichen Systems der Mikroorganismen. Jena: VEB Gustav Fischer Verlag, 1974, 232 S.

DE LEY, J., I. W. PARK, A. TIJTGAT and J. VAN ERMENGEM: DNA homology and taxonomy of Pseudomonas and Xanthomonas. J. Gen. Microbiol. **42**, (1966) 43–56.

DOWSON, W. J.: On the systematic position and generic names of the gram negative bacterial plant pathogens. Zbl. Bakteriol., Parasitenkd., Infekt.-Krankh., Hyg. Abt. II **100**, (1939) 177–193

DOWSON, W. J.: Plant Diseases due to Bacteria. 2. Aufl. Cambridge: Univ. Press. 1957, 231 S.

ELLIOT, Ch.: Manual of bacterial plant pathogens. 2. Aufl. Waltham, Mass: Chronica Bot. Compl. 1951, 186 S.

GÄUMANN, E.: Pflanzliche Infektionslehre. 2. Aufl. Basel: Birkhäuser, 1951, 681 S.

GÄUMANN, E., und O. JAAG: Über das Problem der Welkekrankheiten bei Pflanzen. Experientia **2**, (1946) 215–220.

GORLENKO, M. W.: Bacterial diseases of plants. 2. Aufl. Jerusalem: Monson, 1965, 174 S.

GORLENKO, M. W.: Bakterial'nye bolezni rastenij. 3. Aufl. Moskva, 1966.

GORLENKO, M. W.: Migracii fitopatogennych Mikroorganizmov. Moskva: Izdatel'stvo Moskovsk Univ. 1975, 108 S.

HELLMERS, E.: Bacterial wilt of carnations. Gardener's Chron. Ser. 3, May 21st, 3567, 194 (1955).

ISRAILSKI, W. P.: Rukowodstwo dlja isutschenia bakterial'nych bolesnei rastenij. Obschtschie woprosy. Moskva, 1968; Kolos. 3. Aufl.

MATYSCHEWSKAJA, M. S.: Der Einfluß phytopathogener Bakterien auf die physiologisch-biochemischen Eigenschaften der Pflanzen. Kiew, Verlag „Naukowa Dumka" 1975. (russ.)

MIGULA, W.: Anton de Bary's Vorlesungen über Bakterien. Leipzig: Engelmann, 1900, 186 S.

KATZNELSON, H., und M. D. SUTTON: A rapid phage plaque count method for detection of bacteria as applied to the demonstration of internally borne bacterial infections of seed. J. Bacteriol. **61**, (1951) 689–701.

KLEMENT, Z.: Pathogenicity factors in regards to relationships of phytopathogenic bacteria. Phytopathology **58**, (1968) 1218–1221.

KLEMENT, Z., G. L. FARKAS und L. LOVREKOVICH: Hypersensitive reaction induced by phytopathogenic bacteria in the tobacco leaf. Phytopathology **54**, (1964) 474–477.

KOTTE, W.: Krankheiten und Schädlinge im Obstbau und ihre Bekämpfung. 3. Aufl. Berlin und Hamburg: Paul Parey 1958, 519 S.

KOTTE, W.: Krankheiten und Schädlinge im Gemüsebau und ihre Bekämpfung. 3. Aufl. Berlin und Hamburg, Paul Parey 1960, 374 S.

KRASSILNIKOV, N. A.: Diagnostik der Bakterien und Actinomyceten. Jena: VEB Gustav Fischer Verlag 1959, 813 S.

LEHMANN, K., und R. NEUMANN: Bakteriologische Diagnostik. 1. Aufl. München 1896.

LEHMANN, K., und R. NEUMANN: Bakteriologische Diagnostik. 7. Aufl. München 1927.

LOVREKOVICH, L., und Z. KLEMENT: Serological and bacteriophage sensitivity studies on Xanthomonas vesicatoria strains isolated from tomato and pepper. Phytopath. Z. **52**, (1965) 222–228.

MÜLLER, K. O.: Einige einfache Versuche zum Nachweis von Phytoalexinen. Phytopathol. Z. **27**, (1956) 237–254.

PARK, I. W., and J. DE LEY: Ancestral remnants in deoxyribonucleic acid from Pseudomonas and Xanthomonas. Antonie van Leeuvenhoek **33**, (1967) 1–16.

PELCZAR, M. J. jr., and R. D. REID: Microbiology. 2. Aufl. New York and London, 1958, 661 S.

PINE, T. S., R. G. GROGAN, and W. B. HEWITT: Pathological anatomy of bacterial canker of young tomato plants. Phytopathology **45**, (1955) 267–271.

SCHLEGEL, H. G.: Allgemeine Mikrobiologie. Stuttgart: Georg Thieme Verlag 1969, 431 S.

SMITH, E. F.: Bacteria in relation to plant diseases. Vol. I, Washington, D. C.: Carnegie Institution 1905.

STAPP, C.: Pflanzenpathogene Bakterien. Berlin und Hamburg: Paul Parey 1958, 259 S.

STROBEL, G. B., and D. E. MATHRE: Outlines of Plant Pathology. New York, Cincinnati, Toronto, London, Melbourne, van Nostrand Reinhold Co. 1970, 465 S.

TEŠIĆ, Ž.: Jedan predlog za klasifikaciju fitopatogenik bakterija. Zashita bilja **36**, (1956) 49–52.

THIMANN, K. V.: Das Leben der Bakterien. Jena: VEB Gustav Fischer Verlag 1964, 875 S.

WAKSMAN, S. A., und A. T. HENRICI: The nomenclature and classification of the actinomycetes. J. Bacteriol. **46**, (1943) 337–341.

WALDEE, E. L.: Comparative studies of some peritrichous phytopathogenic bacteria. lowa State Coll. J. Sci. **19**, (1945) 435–484,

Für die Vertiefung des behandelten Stoffes geeignete Literatur:

BELTJUKOVA, K. J., J. B. KOROLEVA, and W. A. MURAS: Bakterial'nye bolesni sernobobowych Kultur. Kiew, „Naukowa Dumka", 1974. 339 S.

Bergey's Manual of Determinative Bacteriology. Hrsg.: R. E. BUCHANAN, and N. E. GIBBONS, 8. Aufl. Baltimore: The Williams and Wilkins Co. 1974, 1268 S.

DIKSCHEIT, R.: Handbuch der mikrobiologischen Laboratoriumstechnik. Bearb. nach A. JANKE: Arbeitsmethoden der Mikrobiologie. Dresden: Steinkopff 1967, 500 S.

GÄUMANN, E.: Pflanzliche Infektionslehre. 2. Aufl. Basel: Birkhäuser, 1951, 681 S.

GORLENKO, M. W.: Bakterial'nye bolezni rastenij. 3. Aufl. Moskva, 1966.

GOODMAN, R. N., T. KIRALY, and M. ZAITLIN: The Biochemistry and Physiology of Infections Plant Disease. Princetown, N. Y.: van Nostrand Co. 1967, 354 S.

HABS, H., und H. P. R. SEELIGER: Bakteriologisches Taschenbuch. Leipzig: Johann Ambrosius Barth 1967, 352 S.

HARRIGAN, W. F., and M. E. MCCANCE: Laboratory methods in Microbiology. London und New York: Academic Press 1966, 362 S.

ISRAILSKI, W. P.: Bakterielle Pflanzenkrankheiten. Berlin: Dt. Bauernverlag 1955, 375 S.

ISRAILSKI, W. P.: Rukowodstwo dlja isutschenia bakterial'nych bolesnei rastenij. Obschtschie woprosy. 3. Auflage. Moskva 1968, „Kolos".

KIRALY, Z., Z. KLEMENT, F. SOLYMOSY, and J. VÖRÖS: Methods in Plant Pathology with special Preference to Breeding for Disease Resistance. Budapest: Akadémiai Kiadó 1970, 509 S.

KLINKOWSKI, M., E. MÜHLE, E. REINMUTH, und H. BOCHOW: Phytopathologie und Pflanzenschutz, Bd. I und II. 2. Aufl.; Bd. III, 1. Aufl. Berlin: Akademie-Verlag, 1974 bzw. 1968.

MÜLLER, E. W.: Pflanzenschutz bei Blumen und Zierpflanzen. 4. Aufl. Berlin: Dt. Landwirtschaftsverl. 1974, 408 S.

SCHLEGEL, H. G.: Allgemeine Mikrobiologie. Stuttgart: Georg Thieme Verlag 1969, 431 S.

STAPP, C.: Bakterielle Krankheiten, Bakteriosen einschließlich Streptomykosen, in: SORAUER, P.: Handbuch der Pflanzenkrankheiten, Bd. 2, 6. Aufl., 2. Lieferung. Berlin und Hamburg: Paul Parey, 1956, 567 S.

STAPP, C.: Pflanzenpathogene Bakterien. Berlin und Hamburg: Paul Parey 1958, 259 S.

THIMANN, K. V.: Das Leben der Bakterien. Jena: VEB Gustav Fischer Verlag 1964, 875 S.

VORONKEVIČ, Irina Vladimirovna: Vyžwaemost' fitopatogennych bakterij prirode. Moskva: Nauka 1974, 269 S.

15. Sachverzeichnis

[1]) Das vorliegende Sachverzeichnis beschränkt sich nur auf die im „Allgemeinen Teil“ enthaltenen Stichworte.

16. Verzeichnis der Erreger-, Krankheits- und Vektoren-Namen

17. Verzeichnis der Wirtspflanzen

Die Verfasser

- geben eine dem heutigen Erkenntnisstand entsprechende Übersicht über die wichtigsten bakteriell bedingten Krankheiten unserer Kulturpflanzen

- behandeln morphologische, physiologische und taxonomische Fragen, soweit sie für die angeschnittene Thematik von Bedeutung sind

- stellen Probleme der Phytopathologie wie Infektionsvorgang, Pathogenese und Resistenzverhalten der Kulturpflanzen dar

- erläutern im speziellen Teil des Bandes die wichtigsten Bakterienkrankheiten der im mitteleuropäischen Raum angebauten Kulturpflanzen

- wenden sich an Hochschullehrer und Studierende der Biologie (einschließlich der Mikrobiologie) und der Landwirtschaft, an Mitarbeiter des Staatlichen Pflanzenschutzes, an Fachlehrer der Biologie an allgemeinbildenden und erweiterten Oberschulen sowie an Dozenten landwirtschaftlicher Lehranstalten

WISSENSCHAFTLICHE TASCHENBÜCHER

FSC
www.fsc.org
MIX
Papier | Fördert
gute Waldnutzung
FSC® C083411

Zeitfracht Medien GmbH
Ferdinand-Jühlke-Straße 7
99095 Erfurt, Deutschland
produktsicherheit@kolibri360.de